JN074551

設計者のための

正しい

見積書評価とコストダウン

間舘 正義 ｜著｜

日刊工業新聞社

はじめに

　企業を取り巻く環境は、グローバル化の進展に伴い、一つの変化が他に大きな影響を及ぼすようになっています。また、企業がその対応に苦慮することも起きています。

　たとえば、米国が中心となったサプライチェーンの変更、新型コロナウイルス感染症の発生による生産活動の停滞、2020年秋ごろから始まった原材料の価格上昇などがあります。

　この結果、多くの企業が生産拠点の見直しを図り、一部の企業では海外から国内生産へと移ってきました。

　そして、2022年の春先から顕著になった円安です。2022年初めは115円前後で推移していたドルの価格が、10月には瞬間的に150円まで下がりました。このため、国内で販売する製品を海外生産に依存していた企業では、採算性が大きく悪化しました。この円安をきっかけとして、生産拠点の国内回帰が積極的に進められてきています。

　ただ、国内生産に移すといっても、生産するための設備機械やその設備機械を操作する作業者を簡単に増やすことはできませんし、そのための資金も必要になります。このため、取引先、とくに外注先に依頼して作ってもらうことになります。そして、このときに取引のために見積書が必要になるわけです。

　見積書では、その見積書を提出した会社のものづくりの技術力や管理力が、見積金額という数値になって表現されています。このため、受け取る側の会社も、見積金額だけを確認して、高い、安いと判断するのではなく、会社の持っている技術を理解する必要があります。

　しかし、現在の購買担当者（バイヤー）は、生産拠点が海外や地方に移ったことや、取引先が製品や部品を製作するために複数の会社（工程）を取りまとめて納入するワンストップ・サービスを進めるようになってきたことで、実際に製作している現場を見る機会が失われてきました。

　このような状況で見積金額を評価することは、なかなか難しいものがあります。その具体的な事例を本書に紹介しています。

そしてもう一つ、現在の製品コストは、「設計段階で80％は決まる」といわれるように、目標原価を設定して開発・設計段階業務を進めています。

　設計者は、製品の開発・設計を進めるうえで、コストを意識することが必要になってきました。つまり、目標原価を達成するために見積書を見ることになるのです。そして、設計者は、この見積書を参考に、顧客のニーズを満たしつつ最適なコストの製品を作り上げるわけです。

　本書では、この見積書について、まずその重要性について解説します。そのうえで、見積書は、金額の安い高いだけを見るのではなく、その明細を知ることの大切さを述べます。また、陥りやすい間違った見積書の見方、対象の品目によって異なる見積書の計算方法などを解説し、見積システムの活用についても述べています。5、6章では、見積書から得られる情報をもとにコストダウンを進める切り口について紹介します。

　最後に、本書が設計者やバイヤーの方たちのスキルアップと、ひいては少しでもわが国の製造業の発展にお役立てできれは、著書にとっても望外の喜びです。

2023年3月　著者

第 **3** 章 : **見積書で見えるコストを読み解く**

第**4**章 見積書では見えないコストを読み解く

第**5**章 見積もりの手順とコストダウンのための準備

第 **6** 章 コストダウンへのアプローチ

第 **1** 章

儲けを左右する
見積書

01 取引を始めるには、まず見積書から

　著者は、研修やセミナーを通じて多くの企業の方々に対して、「会社の第一の目的は利益の獲得にある」と最初に述べています。利益が確保できないと、企業で働く社員の方たちに給料を支払えなくなり、企業を存続していくことができなくなるからです（**図表1-1-1**）。

　それでは利益とは、どこから得られるのでしょうか。

　当然の話ですが、利益とは製品を販売することによって得られる売上高と、その製品を作って販売するために企業内で発生した費用の差になります。この製品の販売が商取引であり、このときに見積書が必要になるわけです。

　一般的な見積書といえば、たとえば個人で車を購入しようとすれば車種や装備（オプション）などの条件をもとに、家であれば間取りや配置などの仕様をもとに、「いくらになる」というように金額を示す書類です。

　これに対して会社では、外部から購入する大半の品目について、図面やカタログの仕様などをもとに見積書が提出されます。とくに、外部に依頼して製作してもらう外注加工品は、複数の会社から見積書をとるものです。

　会社は複数の見積書をもとに価格交渉を行います。それらの外注先の中から、成約（承認）の過程を経て注文につながります。ただし会社間の取引の場合、購入実績のある品目については見積書の提出が省略されることもあります。

　このように、見積書は企業と消費者間、あるいは企業間の取引で必須のものです（**図表1-1-2**）。それでは、見積書を提出して価格交渉を行う担当者は、この見積書の重要性を理解しているのでしょうか。

　東北にあるＡ社の営業担当者について紹介しましょう。Ａ社は、加工品や加工部品を含むユニット、完成品を製造・販売しています。当時は景気が悪く、東北地方全体の仕事量も少ない時期でした。

会社の第一の目的は利益にある	
利益が出ない	利益が出る
・会社を存続できない ・社員に給料が払えない ・開発投資ができない	・会社を継続できる ・社員の給料アップできる ・積極的な開発投資ができる

図表1-1-1　利益と経営活動について

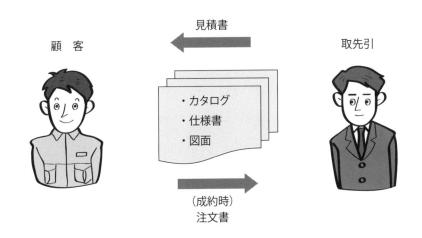

図表1-1-2　取引では見積書が必要

営業担当者は仕事量そのものが少なかったため、いつも以上に受注獲得に力を入れ、引合いを手に入れました。営業担当者は顧客に見積書を提出し、顧客との価格交渉が始まります。

　価格交渉にあたって、ほとんどの顧客は複数の取引先から見積書を取っています。その中で一番安価な取引先に決めることになります。A社の顧客も同様に複数の見積書を取って、発注先を決定しています。この決定のために、見積書の査定が行われるわけです。

　このとき顧客は見積金額だけでなく、取引先の過去の実績や協力度なども加味します。そのうえで、発注先を決めることになるわけです。

　しかし、A社の事例では景気が低迷していたこともあり、顧客はより安価に調達したいと考えていました。このため、顧客側のバイヤーは、入手した見積書の中で最も安価な金額を他の外注先に示して、その金額以下での取引を求めるのです。また、最も安価な見積金額を提示した外注先には、価格交渉でさらに値引き交渉するのです。このような価格交渉が行われていました（**図表1-1-3**）。

　A社の営業担当者は、受注獲得のために顧客の要求する金額に値引きをして受注していました。このときの営業担当者は、受注できなくなって売上が無くなることを恐れたのです。そして、顧客から提示された金額が見積金額の材料費よりも多ければ、次の受注で加工費の不足分を補えばよいと考えていたのです。

　A社では見積もりについて、各工程の専任の担当者が金額を積算し、材料費と加工費の明細を見積金額にして営業部門に渡しています。このため、材料費が分かっています。

　営業担当者にとって、景気の悪い時期に注文を取るのは大変です。受注を獲得できなければ、売上高はゼロです。しかし、赤字の受注品が増えても、やはり利益は確保できません。さらに、その製品が継続的な受注であった場合は会社の業績を悪化させる負の財産を作ることになってしまうのです（**図表1-1-4**）。

　これは、見積書の重要性を理解せずに売上高を優先した結果です。見積書の1枚1枚が、会社の利益に貢献していることを忘れてはなりません。

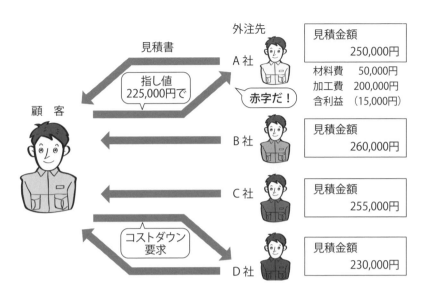

図表1-1-3　価格交渉（買いたたき）

A社

見積金額	受注決定金額		利　益
	材料費	加工費	
製品a　250,000円 （含利益　15,000円）	50,000円	175,000円	△ **10,000円**
製品b 1,300,000円 （含利益　100,000円）	350,000円	750,000円	△ **100,000円**
製品c　150,000円 （含利益　10,000円）	50,000円	90,000円	0円
製品d　250,000円 （含利益　10,000円）	50,000円	200,000円	10,000円
⋮	⋮	⋮	⋮
安易な値下げは赤字を生む			△ **100,000円**

図表1-1-4　見積書と利益の関係

02 見積書の利益を意識して業績アップを図る

　前項で取り上げたA社と同じ東北にB社があります。B社は60名ほどの会社で、省力化機器の設計・製造・販売および顧客からのOEM生産、部品加工などを手広く行っています。工場には、CNC旋盤やマシニングセンタなどの機械加工用と、NCTプレスやレーザー加工機などの板金加工用の設備機械があります。

　B社の営業活動は、社長をはじめとした幹部の方たちが中心になって行っています。とくに社長の営業担当には、もっとも売上高の多いOEM生産品があり、「いかに利益を確保していくか」を考えています。

　OEM生産品は、長さ4m×高さ2m×幅2mほどの大きさの設備で、小さな精密な部品から1mを超える大きな部品を加工します。そのOEM生産品の部品の一つに設備の側面を覆うカバーがあり、大きさは厚さが16mm、縦横はともに1mを超えていました。

　この部品は、鋼板を切断したあとに塗装して製作します。切断方法は、①レーザー加工機、②プラズマ放電加工機、③ガス溶断機などが考えられます（**図表1-2-1**）。

　通常の板金加工メーカーでは、レーザー加工機を持っていることがほとんどで、カバー部品はレーザー加工機を使って製作しています。ただし、当時のレーザー加工機は板厚16mmの板材を切断すると、切断面が傾斜してしまうのです。このため後加工が必要です。

　B社は、レーザー加工機2台とプラズマ放電加工機1台を保有していて、今回のカバーの製作にはプラズマ加工機を使用しています。これは、プラズマ加工機を使うと切断面がまっすぐになるため、後加工が必要なくなるからです。後工程がなくなったことで、後工程を含めたカバーの切断コストを大きく削減できます。B社の社長は、部品レベルでこのようなコストダウンを進めています。

その上で、B社の社長は顧客に提出する見積書の金額について、顧客が安価に購入でき自社の利益も増える、Win-Winな価格を設定するのです。

さらに驚いたことに、数年後にレーザー加工機の性能が向上すると、B社の社長はプラズマ放電加工機を下取りに出し、高性能のレーザー加工機に買い替えました。これについてB社の社長は、コスト競争力のあるレーザー加工機に替えたと説明していました（**図表1-2-2**）。

このように、見積もり力は、会社の利益に大きく貢献できるのです。見積もりに携わる方たちは見積もり力を十分に身につけておくことが必要です。

図表1-2-1 カバーの加工方法とコスト評価

加工工程	設備機械		
切断工程	レーザー加工機	プラズマ放電加工機	ガス溶断機
	二次加工機 ◀ 後加工が必要であり、コストに反映される		
塗装作業	塗装機	塗装機	塗装機
コスト評価	△	○	×

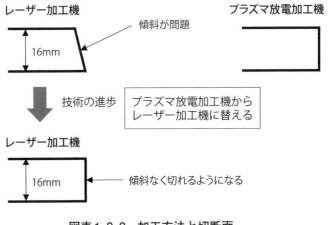

図表1-2-2 加工方法と切断面

03 「利益の獲得」のためには、見積書が重要である

　見積書と会社の業績がどのような関係にあるのかについてもう少し考えてみましょう。

　企業間の取引では、顧客が、取引先で扱っている品目について引き合いを出し、見積書を提出してもらいます。企業間の取引ではこの見積書をもとに価格交渉が行われ、成約となるときに発注単価（あるいは販売単価）が決定されます。顧客から発注され、取引先にとっては受注、納品となり、会社の売上高になっていきます（**図表1-3-1**）。

　それでは、見積書に記載されている内容について考えてみましょう。

　見積書は顧客名からはじまり、見積日時や担当者、見積品目とその納入ロット数が記載されます。

　加工品であれば材料費と加工費、運賃が記載されます。材料費は注文を受けた品目の材料代です。加工費は、材料を加工・変形、組立などを行い、製品にするために発生した費用と利益を含みます。運賃は、受注した品目を顧客に納入するための費用です。これは、組立品の場合でも同様です。

　ただし、加工品の運賃は、見積書に記載される場合とされない場合があります。見積金額に占める運賃が微々たる金額であるときは記載されず、その金額が大きいときは記載されます。しかし、運賃が記載されていないからといって、見積書に含まれていないわけではありません。記載されていない場合は加工費の中に含まれています。

　取引では、顧客から注文書が発行されます。注文書には、納期と数量、支払い条件などが記載されています。受注した会社は、要求された数量を納期までに納品します。これが、個々の製品の売上高になります。この売上高について、1ヶ月、3か月（四半期）、6か月（上期下期）、1年というように一定期間ごとにまとめた（集計した）金額が、会社の業績である売上高になります。

　そして、会社が利益を得たかどうかは、財務諸表の損益計算書に記載されて

います。この損益計算書に記載されている内容は、製品を作るために生産部門で発生した費用（売上原価）、販売や総務、経理など生産部門以外の部門で発生した費用（一般管理・販売費）、利益からなります（**図表1-3-2**）。

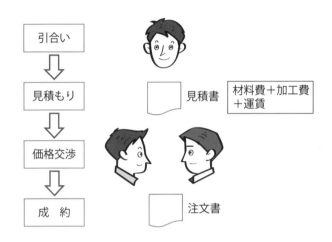

図表1-3-1　企業間の取引と見積書

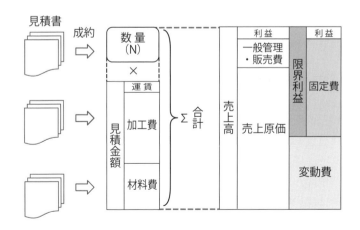

図表1-3-2　見積書と売上高

04 見積金額には もう一つの見方がある

　前項では、見積書に書かれている費用について解説しました。これらの費用は、もう一つ別の見方があります。製品の生産数量や操業度の増減に応じて変化する変動費と、生産数量や操業度の増減に関係なく一定の金額の費用になる固定費にわけられるのです。また、固定費と利益の合計を限界利益と呼びます（**図表1-4-1**）。

　見積明細と変動費、限界利益を対比しながら考えます。見積書の材料費と運賃は、生産した製品を販売する数量が増えれば一緒に増えていきます。これが、変動費です。

　これに対して加工費は、材料を加工・変形、変質、組立などを行い、製品を作るための費用のことです。製品を作ったり売ったりする社員の給与や賞与などの費用、生産に必要な設備機械の費用などを製品に割付けた金額です。これらの費用は、1年間をベースに考えると生産・販売する数量に関係なく一定額の費用であり、固定費といいます。

　製造企業は、製品を作って売ることで利益を上げています。つまり、固定費としてかかる費用が一定であれば、製品の生産数量が多いほど製品1個当たりの費用が少なくなります。これがコストダウンと呼ばれるもので、生産性の向上を求める理由です（**図表1-4-2**）。

　ここでいう生産性の向上は、要求される製品の品質、納期が確保でき、最適なコスト（ベストコスト）で作れることを意味します。生産性の向上では、製品の不良品の撲滅、在庫数量の削減、作業効率のアップを図っていくのです。

　不良品の撲滅とは、作った製品や部品がその機能を果たすことができず、材料や労力がムダになるのを防ぐことです。在庫数量の削減とは、必要のない製品や部品をなくし、資金やスペースのムダを防ぐことです。最後の作業効率のアップとは、実際に製品を作る作業で発生するムダを無くしていくことです。

すなわち、作業改善です。

　このように、見積書の金額は、会社の業績や利益と深く関わっています。見積書を正しく理解することは、業績の改善に役立つのです。

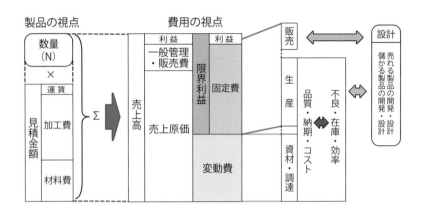

図表1-4-1　売上高と固定費、変動費、利益の関係

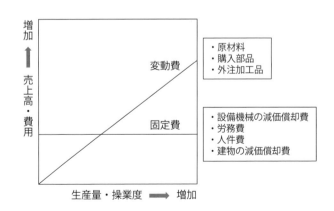

図表1-4-2　固定費と変動費の関係

05 社内では生産性がポイントになる

　皆さんは、ハーネスASSYをご存じでしょうか。ハーネスASSYは、複数のリード線を束ねたもので、モーターやプリント基板など電子回路をつなぐために用いられます。リード線を特定の長さに切って、端子を取り付け、コネクタに挿すことでハーネスASSYになります（**図表1-5-1**、**図表1-5-2**）。

　ハーネス専業メーカーD社は事務機メーカーの子会社です。業績低下に伴い、親会社から再建のためにH社長が送られてきました。H社長は、親会社の役員を兼務しながら、D社の改革を進めていました。

　このような状況の中で、H社長にお会いしました。そのとき、H社長は雑談のなかで「うちの会社では、1日あたり260万本のリード線を切っている。リード線を1秒間に1本切ったとしても、260万本を切ろうと思ったら30日かかる計算になる。このように考えるとすごい量を作っていることが分かる」と言いました。そして、その後に「私が社長に就任したころは、1日の生産量が230万本だった」と言ったのです。

　D社の業績が低迷していた時には、親会社による人員整理も考えられていたそうです。しかし、H社長が就任した結果、人員整理は実施されず、業績を回復することができました。その大きな理由が、230万本から260万本に増えたリード線の切断本数だったのです。

　H社長は、社長就任後、トップセールスを実施しました。顧客の経営幹部や工場長などの方たちへ直接アプローチしていったのです。その結果、30万本の売上増につながりました。すなわち、H社長は売上高をアップさせることに注力したのです。

　ここで、ハーネスASSYを作るための費用について考えてみましょう。ハーネスASSYに用いるリード線、端子、コネクタなどの部品は、生産数量が多くなるのに合わせて増える費用です。すなわち、変動費です。しかし、それ以外

の切断や組立作業を行う作業者や設備などほとんどの費用は、売上高の増加に関係なく一定額になる固定費です。

　つまり、売上高の増加に対して、売上高から材料費（変動費）を差し引いた金額が毎月の固定費を超えれば、その差額が利益になります。言い換えれば、工場がある一定以上稼働できれば（一定以上の稼働率があれば）、利益が確保できることを意味します（**図表1-5-3**）。

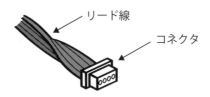

図表1-5-1　ハーネスAssy（例）

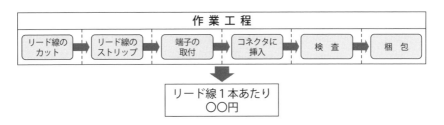

図表1-5-2　ハーネス作業工程

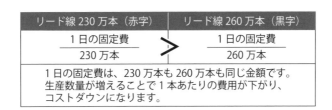

リード線230万本（赤字）		リード線260万本（黒字）	
1日の固定費	>	1日の固定費	
230万本		260万本	
1日の固定費は、230万本も260万本も同じ金額です。生産数量が増えることで1本あたりの費用が下がり、コストダウンになります。			

図表1-5-3　固定費とリード線1本あたりの費用

06 見積金額には 何が含まれるのか

　ここでは、見積書に記載する金額について整理をしておきます。

　見積書とは、販売する製品の価格に、会社で発生する費用と利益を製品一単位あたりに割付けたものです（売価＝原価＋利益）。

　一人で会社を経営し、ただ一つだけの製品を作っている場合を考えてみましょう。その場合、会社で発生したすべての費用を販売数で除して算出した金額を原価にします。そこに利益を加えれば、見積書に記載する金額になります。

　しかし、会社を成長させていこうとするならば、社員を雇って販売数量を増やしていく必要があります。社員を増やすことで、社員の仕事の役割分担を決め、会社を運営することになります。

　会社で発生する費用は、大きく「生産」「販売」「総務」「経理」の４つの役割（機能）に分けて考えることができます。生産は製品を作ること、販売は製品を売ること、総務は生産や販売に必要な社員を雇うこと、経理は原材料の仕入れ費用や製品の売上などお金を管理することです（**図表1-6-1**）。

　生産をさらに細かく分けると、「設計」「購買」「製造」の3つで成り立っています。自社製品であれば製品の設計を行い、製品のための原材料や部品を調達し、製造現場で製品を作ることになります。

　製造活動では、製品を作るために４つの要素（製造の４M）が必要です。製品を作るための作業者（Man）、加工・変形、組立などに用いる設備機械（Machine）、製品になる原材料（Material）、製品の作り方である方法（Method）です。

　方法について補足します。同じ製品を作るとしても、様々な作り方が考えられます。様々な方法のうち、製品や部品に要求される品質と納期を満たし、なおかつ安価なコスト（原価）を達成できる作り方を選ぶ必要があります。

　そして、生産部門で発生した費用を個々の製品に割付けた金額が、工場加工

費（原価計算では製造原価）になります。

　その工場加工費に販売、総務、経理で発生する費用（一般管理・販売費、あるいは販売費および一般管理費といいます）と利益を加えた金額が、製品の売価です（**図表1-6-2**）。

　つまり、見積書の金額は、工場加工費、一般管理・販売費、利益の３つからなるということです。

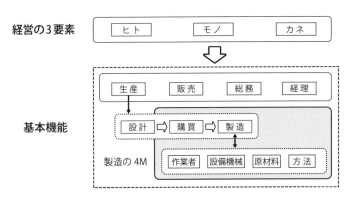

図表1-6-1　会社で発生する費用と基本機能

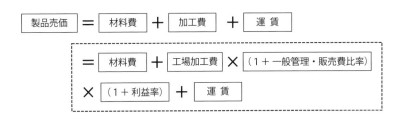

図表1-6-2　製品売価の求め方

07 見積もりの工場加工費を 確認する

　さらに、工場加工費について考えます。

　前項で解説したとおり、1種類の製品だけを作っているのであれば、工場加工費は製造の4Mをベースに生産数量で除して算出できるでしょう。しかし、どの会社でも多くの種類の製品を製作していることが一般的です。このため、製品への費用の割付け方が重要になってくるのです。

　そして、費用を割付けるときの大切なポイントは「どの製品に、何のために、誰が使ったのか」を考えることです。

　費用には、変動費と固定費という見方がありますが、それとは別に直接費と間接費という見方があります。直接費と間接費は、製品と直接に紐付けできるか、あるいは紐付けしにくいかで分けられています。費用を「どの製品に、何のために、誰が使ったのか」を明らかにするための分類です。

　具体的な例をもとに考えてみます（**図表1-7-1**）。

　針のないホッチキスをご存じでしょうか。このホッチキスを見ると、その製品に使われている材料がはっきりとわかります。本体はプラスチックで、バネとピンはステンレス鋼線です。これらにかかる費用は直接費で、材料の費用に関しては直接材料費と呼びます。会社によっては、直材費と略して呼んでいます。

　一方、間接材料費として、例えば金型の離型剤が当てはまります。本体の製造では、プラスチックを溶かして金型に入れ、冷やして形状を作ります。このとき、プラスチックを直接金型に流して入れると、金型に密着してとれなくなってしまいます。このため、金型からプラスチック部品を簡単に取り出すために離型剤という油を塗布します。この離型剤も製品の一部をなす材料です。

　しかし、離型剤は個々の製品にどれだけの量を使っているのか把握しにくいものです。また、その量を把握するための労力に対して、得られる金額の情報はコストにほとんど影響を与えません。そのため離型剤は、間接材料費として扱われます。

図表1-7-1　直接費と間接費について

	直接費	間接費
材料	製品に使われる材料	補助的に使われる材料（離型剤など）
作業者	製造現場の作業者	製造現場の監督者、段取り工
その他	生産設備機械	補助設備機械

17

つぎに、生産現場で製品を作っている作業者の給与や賞与などの費用は、製品を作るために必要な時間から紐付けできます。つまり直接費であり、正確には直接労務費と呼ばれます。

　労務費という言葉について補足しますと、一般に社員の給与や賞与などは人件費と呼ばれます。ただし、生産部門の社員の方たちの給与や賞与などは製品に割付けられるため、労務費と呼んでいるのだと理解してください。

　また、生産部門には、生産に直接かかわっていない人もいます。生産活動を補助する生産技術や生産管理、品質保証部門の社員の方たちの給与や賞与などです。その方々は、直接製品を作っているわけでありません。製品と直接紐付けができませんので、その費用は間接費として扱われ、間接労務費と呼ばれます（**図表1-7-2**）。

　設備機械は、一般に間接費になります。これは、作業者が道具を使って製品を作る（すなわち作業者が主体）という前提に立っているからではないかと思います。しかし現在では、設備機械が主体となって製品を作っています。このため、見積もりでは「どの製品に、何のために、誰が使ったのか」の視点から、労務費と同様に見ることができます。一つは直接製品を作る設備機械（生産設備機械）の費用、もう一つは製品を作るためではない設備機械（補助設備機械）と設備機械が稼働できる環境を整えるためのスペースの費用です。

　直接労務費と生産設備機械の費用は製品に直接割付けることができますが、間接材料費と間接労務費、製品を作らない設備機械とスペースの費用は、そのままでは割付けられません。そのため、作業人数や作業面積など理論的な基準をもって製品に割付けます。これが工場加工費になります。見積もりでは、直接材料費は材料費として、それ以外の費用は工場加工費として割付けられることになります。

　工場加工費の算出では、生産する工程や設備機械と作業者を組み合わせてコストをとらえる単位のひとつにします。これがコストセンターです。工場加工費でのコストセンターの費用は、一般には1時間あるいは1分間当たりの加工費を表す加工費率と呼ばれています（**図表1-7-3**）。

　この加工費率に一般管理・販売費と利益を加えた金額を加工費レート、あるいは、レート、チャージ、時間単価といいます。

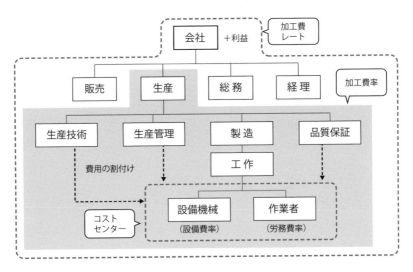

図表1-7-2　加工費レート、加工費率の関係

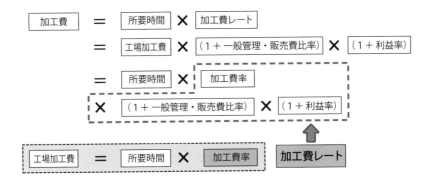

図表1-7-3　加工費レートを構成する要素

08 見積もりの加工費を確認する

　実務において、加工費をどのように算出するかについて考えます。

　加工費の求め方には二つの方法があります。一つは、製品を作るために必要な時間（所要時間）に単位時間当たりの加工費（加工費レート）を乗ずる方法です。もう一つの求め方は、工場加工費に一般管理・販売費と利益を加味することです。この2つの算出方法は、区分の仕方による違いはありますが、いずれも同じ結果になります。

　一般管理・販売費と利益について、一般的には一定の割合で加味することが多く、一般管理・販売費比率と利益率というように表現されます。つまり、加工費は**図表1-8-1**のような式で表されます。また、加工費レートは、CNC旋盤が〇〇円／分、マシニングセンタが△△円／分というような金額で表現されるのです。

　ここで用語の意味について整理しておきましょう。

　まず所要時間についてです。所要時間は、加工時間や工数などとも呼ばれるもので、ここでは同じ意味で扱っています。所要時間というと、製品や部品を作る作業をしている時間だと思う方がいますが、その時間だけではありません。作業には、ロスが発生するものです。所要時間にはこの時間も含まれています。

　所要時間は、電車で目的地に移動することを考えると分かりやすいのではないでしょうか。たとえば、私が仕事で自宅から大阪に行くとしたら、最寄り駅から乗車し、JR山手線の高田馬場駅で乗り換え、つぎに品川駅で新幹線に乗り換え、新大阪駅に移動します（**図表1-8-2**）。

　この場合、最寄り駅から高田馬場駅まで、高田馬場駅から品川駅まで、品川駅から新大阪駅までは、移動（乗車）時間が設定されています。これが、製品や部品を作る作業時間（正味の作業時間）のことで、時刻表に設定されている

標準の乗車時間になります。一般に作業では標準時間のことです。

　そして、電車の出発や乗り換えでは、待ち時間が発生してしまいます。これがロス時間であり、生産の効率です。このロス時間を含めた合計時間が所要時間となります。

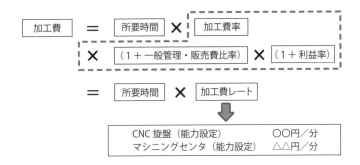

図表1-8-1　加工費の求め方

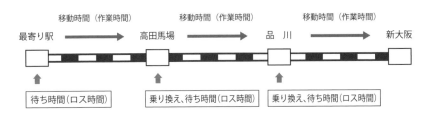

図表1-8-2　所要時間の考え方

待ち時間を含めた時間が所要時間になるんだね

09 見積もりと原価計算の金額は違って当たり前

　ここでは、見積もりと原価計算を比較しながら整理しておきます。原価計算と言うと、難しい、分からないという声をよく聞きます。それは、普段使うことのない言葉（用語）がたくさん出てくるからではないでしょうか。

　しかし、設計部門や生産部門では、誰が教えるというわけでもないのに、日常の業務の中で、見積書にある加工費という言葉を使っています。

　原価計算を用いて売価を算出する場合には、製品について、生産部門で発生した費用を個々の製品に割付けることから始めます。この割付けた費用が製造原価（あるいは製品原価）です。製造原価のもとになるデータは、生産活動の結果の数値（財務データ）を経理部門で集計し、整理したものです。この製造原価に生産部門以外の販売、総務、経理部門などの費用と利益を製品に割付けた金額が、製品の売価になるわけです。

　これに対して見積もりでは、製品の売価が、材料費、加工費、運賃からなっています。社内で普段使っている言葉でもある、加工費が含まれています。加工費は原価計算で使われるのではなく、見積もりに用いる用語なのです。加工費の計算は、前述の所要時間に加工費レートを乗じて求められます（**図表1-9-1**）。

　原価計算では、経理部門が中心となって実際の原価をまとめています。原価データは製品を作った実績値です。つまり経理部門は、経営活動の結果をもとに、会計のルールにしたがって実際の原価を計算しているのです。

　これに対して見積もりは、製品を作る前に生産部門が中心になって、製品や部品の形状や寸法などから製品のコストを予測することです。そして、そのコストデータは、予測に基づく計画値です。実際の原価ではなく、計画原価を算出しているのです（**図表1-9-2**）。

　2つの原価の大きな違いは、収支一致の原則が適用されるかどうかです。原

価計算を用いる場合には、会計上の収支一致の原則に従う必要があります。これは、会社の全収入と全支出が一致していなければならないということです。

　それに対して見積もりは、収支一致の原則にとらわれることなく「どの製品に、何のために、誰が使ったのか」を考え、経営活動での利益の最大化を判断基準にして作られています。だからこそ、原価計算と見積もりの金額は違ってあたり前なのです。

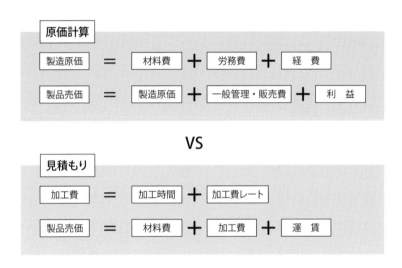

図表1-9-1　原価計算と見積もりでの売価の求め方

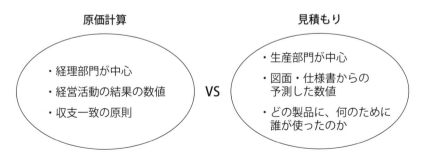

図表1-9-2　原価計算と見積もりの違い

COLUMN 01 固定費、変動費の分類方法と実務での活用

　変動費と固定費は、会社の経営状態を表す財務会計の研修などでよく紹介されています。変動費は、生産数量や操業度が増加するにしたがって増加する費用です。固定費は、生産数量や操業度が増加しても一定の費用だと定義されます。

　会社は、変動費と固定費から会社の体質や現状などを知ることができます。その分析方法は、損益分岐点分析といわれます。

　損益分岐点とは文字どおり、会社の業績が儲けも損もしないトントンの状態になる売上高はいくらになるかを表します。この損益分岐点を活用して分析するのが、損益分岐点分析です。損益分岐点分析は、会社の方向性や短期の経営計画に活用されます。

　たとえば、会社の来季の目標利益を達成するためには、いくらの売上高を達成しなければならないのかを知りたいとき、その売上目標金額を算出できます。また、新製品の販売などあらたなビジネスを立ちあげるときなどにも、損益分岐点分析を役立てられます。

　しかし、損益分岐点のもとになる変動費と固定費の分類方法が議論になることもあります。たとえば電力費には、使用量に関係なく支払う基本料金と、消費した分を支払う従量料金があります。これを変動費と固定費に分けて計算すべきという議論などです。

　損益分岐点分析は、会社の現状を知り、現状をもとに業績向上を図るための計画に役立つツールの一つです。その目的を考えますと、会社で発生する費用の中で電力費の占める割合が小さければ、固定費として考えても、損益分岐点分析を十分に生かせます。とくに中小企業では、このように費用を区分して、迅速な判断に役立てるべきです。

第 **2** 章

見積金額に
惑わされないための
見方、考え方

01 設計者が扱う見積書は 2つある

　省力化機器を製作しているメーカーC社があります。このたび、C社は、顧客からある仕様の設備機械の製作依頼を受けました。顧客はこのタイミングで、製品の仕様と一緒に予算（希望価格）を提示します。

　C社の場合、社長さんが営業の担当者であり、責任者でもあります。このため、C社の社長さんは、仕様と予算をもとに「いくらで作れるか」を検討します。これは、予算から利益と営業や管理部門の費用などを差し引いた金額です。この金額が、C社の目標原価になるのです（**図表2-1-1**）。

　C社の社長さんは、自身が中心となって構想設計を、他の社員の方たちが機械（メカ）関係と電気関係、ソフト関係の設計業務を進めていきます。

　社長さんは、これまでの経験から各モジュールまたはユニットごとに目標原価を割付けてみます。このときに、目標原価が達成できそうにない場合には、モジュールまたはユニットなどでコストダウンできそうなアイデアを検討します。そして、それらのコストダウンのアイデアを実行した場合、目標原価を達成できるかを再度判断するのです。

　検討の結果、顧客の提示する予算（希望価格）を達成できそうにない場合には、顧客に予算額のアップを交渉するか、さらなるアイデアをもとに他の社員の方に詳細なコストの検討を詰めてもらって、利益の確保を図るのです。

　このとき部品は、社内で製作する部品（内作品）と外注先に依頼して製作してもらう部品（外作品）、市販品や規格品などの購入品に分けて考えます。ここではその中でも自社の図面をもとに製作する、内作品と外作品について考えます。

　図面をもとに社内で製作する内作品は、社内の製造現場でその部品を作るための費用（工場加工費）を算出すればよいことになります。これに対して外作

品は、部品を作るための費用に加えて、製作を依頼した外注先の営業費（一般管理・販売費）や利益を含んでいます（**図表2-1-2**）。

　つまり、設計者は依頼の部品を内作するのか外注先に依頼するのかで、その見積書の内容が異なることを知っておかなければなりません。

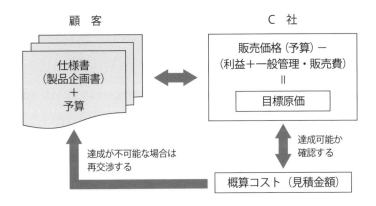

図表2-1-1　予算、目標原価、見積もりの関係

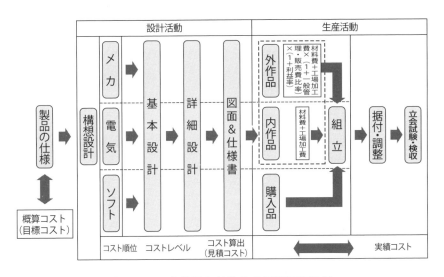

図表2-1-2　内作品と外作品の見積明細の違い

02 見積書を読むための 事前準備をしていますか

　ここでは、加工品の見積書について見ていきます（**図表2-2-1**）。

　取引先や社内から見積書を入手するにあたって、事前に準備をしている会社とそうでない会社があります。見積もりの重要性を認識している会社では、コストに関する見積専門の部署や担当者を設けています。製品や部品の見積もりは、材料や加工方法からはじまり、工程別の加工時間と加工費を算出します。この見積もりは、見積書を要求してきた部門や担当者に提出されます。

　見積書の使われ方は、部門によって異なります。設計部門では、設計者が出図前の図面と見積書の金額と比較して予算（目標原価）を達成しているかどうかのチェックに、購買部門では、バイヤーが取引先との価格交渉の材料として用いています。

　会社によっては、見積専門の部署や担当者を設けておらず、個人に依存しているケースも見受けられます。この場合は、個人で独自にコストを算出するか、類似品の見積書を入手するかのどちらかになります。

　とくに設計者の場合は、製品の構造や部品の形状を検討するとき、「いくらで作れるのか」について、概算のコストをつかまえなくてはなりません。この方法として、類似の構造や形状をした部品の実績単価を調べ、同程度の金額になると類推することで見積もります。

　しかしこの方法では、図面や仕様書を出図して見積書の金額を確認したら予算（目標原価）オーバーになっていた、ということもあります。そして設計者は慌てて設計の見直しを行った、ということもあります。

　このような状況に陥らないように、一部の設計者は、社内の同僚や外注先の担当などに相談をして、見積もりの概略金額を出してもらっています。それによって予算（目標原価）との確認を行うという、ダブルチェックをしている方もいます。ただし、現在のように材料費が高騰するような状況の変化では、過去のデータは役に立たないでしょう（**図表2-2-2**）。

　このため、見積もりに必要な情報は、会社として常に収集し、更新していくことが求められます。

　見積専門の部署は、コストエンジニアリングという、経営活動とコストの因果関係を明らかにして経済性を高める活動を業務としています。専門の担当者をコストエンジニアと呼びます。

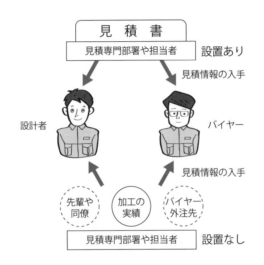

図表 2-2-1　見積書の金額のバラツキは？

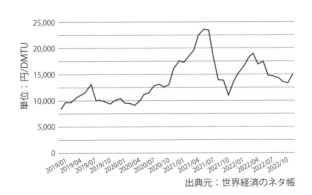

出典元：世界経済のネタ帳

図表 2-2-2　鉄鉱石価格の推移（2019年1月〜2022年12月）

03 図面には見積もりに 必要な情報が記載されているか

　新規の加工品では、見積もりを進めるにあたって図面・仕様書を確認します。そのとき、加工品の形状をイメージし、どのような加工方法を用いるのかをいくつか考え、品質、納期、コストの面からもっとも適切な加工方法を設定することになります。

　図面を作成するにあたって、注意すべきことがあります。それは、誰もが同じ部品をイメージできる図面になっていることです。

　具体的な例を**図表2-3-1**に示します。コの字の形状ですが、溶接するのか曲げてよいのか考えるでしょう。図面にはRの表示がありませんから、2つの部品を溶接して製作することが分かります。しかし、溶接であるならば溶接場所は内側か外側か、さらに「溶接個所は接している長さを全て溶接する」のか、あるいは「何か所か溶接すればよい」のか、どちらを選ぶべきか分かりません。

　この図面を受け取って見積もる方たちは、自社でいつも溶接しているパターンを前提に見積書を提出します。具体的なパターンとして、たとえばピッチ溶接なのか全溶接なのか、あるいは脚長をいくつにするのかなどです。溶接について簡単に説明しておきますと、ピッチ溶接とは、**図表2-3-2**のように一定の間隔ごとに溶接していくことです。全溶接は、長さ部分をすべて溶接することになります。脚長とは、**図表2-3-3**で示したように、肉盛りの厚さのことです。

　図表2-3-1の図面には、これらが全く記載されていません。つまり、この図面では誰もが同じ形状をイメージできるようになっていないのです。

　板金部品の見積もりが難しいという話はよく聞こえてきます。それは、市販の見積ソフトなどを利用して、溶接方法や個所などを確認することなく、見積金額だけを求めようとするからです。

　指示が不十分な図面では、見積担当者の考え方によって見積書の金額が変化

してしまいます。これでは、「見積書の単価が高いか安いか」という評価は意味をなさなくなるでしょう。誰もが同じ条件で見積もった金額を比較することが必要です。

　本来図面は、その製品や部品に携わる方たちが、どのような製品なのかを共通して理解するために作られるものです。誰が見ても同じものをイメージする図面を書くことが、設計者に求められています。

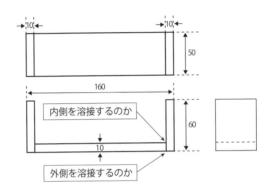

図表2-3-1　製作に悩む図面

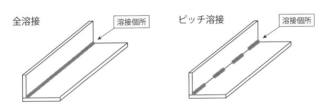

図表2-2-2　全溶接とピッチ溶接

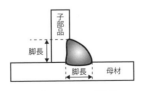

図表2-3-3　脚長

04 見積金額の妥当さを どう読み取るか

　図表2-4-1の図面を見てください。

　この部品は、ある検査装置の台（ベース）になるもので、大きさは幅440mm×長さ930mm×高さ（厚さ）15mmです。生産ロット数は100枚で、生産スケジュールに応じて分割して納入することになっています。

　この部品（ベース）は、筆者が実際に相談を受けたものに似た部品です。相談を受けたいきさつを簡単に説明します。

　F社は、検査装置を開発し生産・販売しているメーカーです。この部品は、検査装置の架台のテーブル面になり、この部品（ベース）の上に検査用のカメラなどが取り付けられます。この部品（ベース）は、現在外注先に依頼し、購入している部品です。つまり、外注加工品です。

　ある日、F社の社長さんが、資材部門を巡回していたときにこの部品（ベース）を見かけました。そのときに何気なく伝票を見たところ、その金額があまりに高いので驚いたそうです。F社の社長さんはすぐに資材課長を呼んで、この部品の購入金額について確認をしました。

　資材課長は、「従来からこの金額で購入しています」と答えます。すると、F社の社長さんは、「こんなに高い金額になるわけがない。君たちは何をしているのだ」と叱責し、価格を早急に見直す（コストダウンする）ように指示したのです。

　資材課長は、従来の取引先を中心として複数の取引先に、この部品の見積もりとコストダウンの検討を依頼しました。この結果、多少コストダウンできたそうです。

　これに対して、F社の社長さんは、もっと安価に購入できるはずだと再度検討を指示しました。このため、他の部署も加わり、この部品（ベース）をもっと安価に購入できる外注先を探したのです。しかし結果として、従来よりも安価に購入できる外注先を見つけることはできませんでした。

　そうしたなかで、著者に相談が来たのです。ひとまず、弊社で開発した見積ソフトを用いてコストを算出しました。その結果、この金額よりも大幅に安価な金額になりました。

　すると、F社の資材課長から「その金額で製作できる外注先を紹介してもらいたい」と、お願いされましたので、紹介しました。そのときの内容を次項で解説していきます。

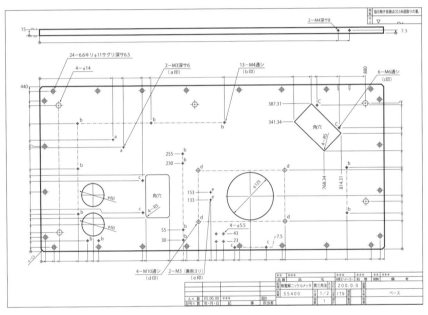

図表2-4-1　見積検討図

コストダウンのため
見積もりを取ってみよう

05 | 見積金額の何を読むのか

　F社から依頼を受け、著者は製作可能な外注先の2社選んで見積もりを依頼しました。著者が選んだ会社は、G社とI社です。このG社とI社について、会社の概要を簡単にご説明します（**図表2-5-1**）。

　G社は試作板金メーカーで、一品物を得意としています。また、試作板金メーカーということもあって、納期対応に優れています。G社では、数mmの小さな部品から、クレーンを使わないと製作できないような大きな部品まで製作しています。

　そして、G社の特徴の一つに、レーザー加工に関する技術の高さがあります。今回の部品（ベース）は板厚があり重量物でもあることから、G社の技術で対応可能ではないかと考えました。

　もう一方のI社は、長野県にある機械加工メーカーで、主に工場団地の受注窓口企業をしています。I社は、工場団地内にある他の企業と協力して、お互いの会社の特徴を生かし、役割分担とキャッチボールをしながら製品や部品を完成させています。つまり、部品から組立までをワンストップ・サービスで提供している会社です。

　I社は、主要な顧客との関係から、1～2mほどの大物部品の製作を得意としています。

　話を部品（ベース）に戻します。

　部品（ベース）の見積書について、現在の購入金額とG社、I社の見積書の金額を**図表2-5-2**に示します。なお、G社とI社は部品加工について、金額だけでなく明細を記載していますが、現行の外注先の見積書は生産ロット数と金額を記載しているだけでした。このため、見積金額の明細は分かりません。

　明細が書かれていなかった原因は、バイヤーの方が見積書の単価を見て、一番安価な会社に発注しただけだったからではないでしょうか。

G社
試作板金メーカー

従業員 20 名で、小物から大物まで
の部品を製作している。
近隣に多くの協力会社を持っている。

I社
機械加工メーカー

従業員 60 名で、工場団地の受注窓口企業。
工業団地を含めて、100 社以上の協力会社
を持ち、複雑な加工や組立に対応している。

図表2-5-1　見積もりをした会社の概要

図表2-5-2　3社の見積金額の比較

ベースの明細

	合計金額	材料費	加工費	処理費	その他費用
現行企業	88,500				
G 社	88,286	17,286	53,000	18,000	
I 社	53,750	10,000	21,300	11,200	11,250

 加工工程を分解した結果

ベースの明細

	合計金額	材料費	加工費		処理費	その他費用
現行企業	88,500					
G 社	88,286	材料屋	社内	外注	外注	
		17,286	38,000 (レーザー)	15,000 (機械加工)	18,000 (無電解ニッケルメッキ)	
I 社	53,750	材料屋		社内	外注	
		10,000 (レーザー)		21,300 (機械加工)	11,200 (無電解ニッケルメッキ)	11,250

06 見積書にはその企業の 総合力が示されている

　多くの企業では、継続的な外注先を開拓しなくなってきました。国内生産から海外生産に移行することによって、開拓する必要性がなくなってきたからです。

　また、企業によっては、取引口座を増やさない方針のため、外注先を開拓しないところもあります。しかし、決まった外注先との取引だけになってしまうと、新しい技術や管理方法などの導入が遅れてしまい、自社の変革が進まないことも考えられます。

　話を部品（ベース）に戻します。図表2-5-2で従来の取引先とG社、I社を比較すると、I社の見積書の金額が非常に安価になっていることが分かります。この差額は、なぜ生じたのでしょうか。

　G社とI社の見積書には明細が記載されています。F社の外注先（現行企業）とG社の見積書の金額が近いため、G社とI社の見積書の明細を比較することで差額の原因を考えてみましょう。

　まず、工程手順（工順）からです。工順で示されている費用は加工費と処理費、その他の費用になっています。金額について補足すると、レーザー加工⇒機械加工（マシニングセンタ）⇒表面処理（無電解ニッケルメッキ）と表示されているため、作り方は一緒であることが分かります。

　つぎに材料費を見ていきます。G社の材料費は17,286円、I社は10,000円になっていて、7,286円の差額が発生しています。さらに、I社の場合はレーザー加工の費用も含まれています。この大きな差額の原因は、どこから発生しているのでしょうか。

　このような場合、どのサイズの材料を使ったのかを検討する必要があります。材料のサイズには、定尺材として3×6（縦914mm×横1829mm）、4×8（縦1219mm×横2438mm）、5×10（縦1524mm×横3048mm）があります。また、厚さ15mmの場合の重量を考える必要があります（約200kg～580kgに

なります）。

　材料費は、定尺材1枚から何個とれるかによって変わってきます。たとえ
ば、3×6から1個しかとれない場合は、定尺材の単価がそのまま材料費にな
ります。4×8で5個とれるのであれば、定尺材の単価の5分の1が材料費で
す。このように、定尺材と取り数によって、材料費は大きく変化するのです
（**図表2-6-1**）。

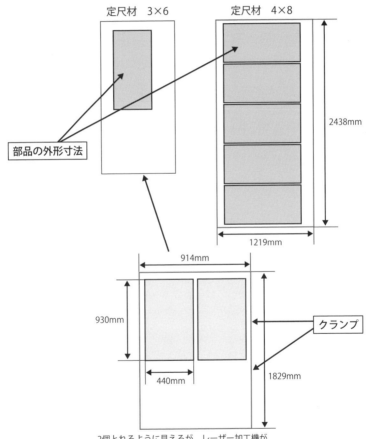

2個とれるように見えるが、レーザー加工機が
材料を掴む（クランプ）部分が足りないので、1個しかとれない。

図表2-6-1　定尺材と材料取り

今回の場合は、4×8の定尺材を使うほうが安く上がります。さらにI社は、材料屋さんでレーザー加工機を使って切断していました。このため、材料費にレーザー加工の費用が含まれていたのです。

　つぎに加工費を比較してみましょう。G社は加工費を53,000円と見積もっており、そのうちレーザー加工の費用が38,000円、機械加工（マシニングセンタ）が15,000円です。I社は、機械加工（マシニングセンタ）21,300円となっていて、機械加工で6,300円の差額が発生しています（**図表2-6-2**）。

　これは、社内で加工する部分を増やすことで、他社への支出を抑えているからです。G社は板金加工メーカーですから、レーザー加工機で加工できるものは、できる限りレーザー加工機で行います。I社の場合は機械加工メーカーですから、機械加工でできることを可能なかぎり進めます。この結果が、金額の差額になっているわけです。

　処理費とは、表面処理の費用のことです。図表2-4-1の図面に記載されている無電解ニッケルメッキ処理のことで、その費用が発生します。この処理は、両社ともに社内ではできませんので、外部（外注先）に委託しています。ここでも、G社は18,000円、I社は11,200円と6,800円の差額が発生しています（**図表2-6-3**）。実はI社では、他の部品とまとめて一緒に依頼しており、数量によるメリットがありました。さらに運賃がその他費用に含まれているため、金額が下がっているのです。

　その他費用には、管理費や運賃などがあります。管理費は、受注企業の外注先との技術や納期の打合せ、納期管理をするために発生する費用のことです。運賃は、今回の無電解ニッケルメッキ処理のように外注先へ加工を依頼するときに、現品を送る、引き取るなどの横持ちに発生する費用のことです。その他費用は、外注先にその明細を確認しておくことが必要です（**図表2-6-4**）。I社は工場団地内を含めて企業と連携しているため、その分の管理費や運賃がかかります。

　部品（ベース）の単価はこのように分析できます。

図表2-6-2　見積書の比較 ― 加工費

ベースの明細

	合計金額	材料費	加工費		処理費	その他費用
現行企業	88,500					
G 社	88,286	17,286	38,000 （レーザー）	15,000 （機械加工）	18,000 （無電解ニッケルメッキ）	
I 社	53,750	10,000 （レーザー）		21,300 （機械加工）	11,200 （無電解ニッケルメッキ）	11,250

機械加工の加工費の差額はなぜ？

図表2-6-3　見積書の比較 ― 処理費

ベースの明細

	合計金額	材料費	加工費		処理費	その他費用
現行企業	88,500					
G 社	88,286	17,286	38,000 （レーザー）	15,000 （機械加工）	18,000 （無電解ニッケルメッキ）	
I 社	53,750	10,000 （レーザー）		21,300 （機械加工）	11,200 （無電解ニッケルメッキ）	11,250

処理費の差額はなぜ？

図表2-6-4　見積書の比較 ― その他費用

ベースの明細

	合計金額	材料費	加工費		処理費	その他費用
現行企業	88,500					
G 社	88,286	17,286	38,000 （レーザー）	15,000 （機械加工）	18,000 （無電解ニッケルメッキ）	
I 社	53,750	10,000 （レーザー）		21,300 （機械加工）	11,200 （無電解ニッケルメッキ）	11,250

この費用は何か？

07 検討しやすい見積書を
出してもらうためには

　前項では3社、とくにG社とI社の見積書の明細を比較していきました。見積もりの算出方法や素材のサイズ、作り方の違いなどが明らかになり、なぜI社の方が安価であるのかが分かりました。

　それでは、F社の社長さんが部品（ベース）の価格が高いと判断したように、見積もりを依頼するバイヤーや設計者などの方たちが、同じく判断できるようにするにはどうしたらよいでしょうか。これまで、妥当な金額だと思っていた見積書の金額について、高いと判断することは難しいのではないでしょうか。

　見積書の金額が妥当であるかを知るためには、今回のように複数の見積書とその明細を記載してもらうことです。明細が書かれていれば、高いかどうかの判断が容易になります。皆さんの会社の見積書には、何が書かれているでしょうか。品名と数量、単価、合計金額だけが記載された見積書になっていないでしょうか（**図表2-7-1**）。

　バイヤーや設計者は、外注先から単価だけの見積書をもらっても、「金額が高いか安いか」という議論しかできません。見積専門の部署や担当者を設けていたとしても、外注先から明細を出してもらえなければ、やはり同じことになってしまいます。すなわち、見積書には、明細を記載してもらうことが大切です（**図表2-7-2**）。

　また、近年の課題として、材料価格の高騰が挙げられます。たとえば、2020年の秋頃から鉄鉱石の価格が上昇しています。それに伴い、鋼材やアルミ、ステンレス鋼などの価格も上昇してきました。この結果、多くの企業のバイヤーは材料費分の値上げを要求されてきました。

　このときバイヤーは、どの程度の値上げを認めるのかを判断しなければなりません。しかし、見積書に単価だけしか記載されていないとしたら、値上げ額

の妥当性を判断できるでしょうか。

見積書の明細を材料費と加工費で分けて管理していた会社では、材料費の上昇分だけを認めるように指示できます。このように、業務を効率よく効果的に進めるためにも、見積明細を必ず記載してもらうことが肝心です。

No.

御　見　積　書

顧客名　御中

担当者　様

貴　年　月　日付第　号御照会の件

下記の通り御見積申し上げます。

受渡期日

受渡場所　御社指定場所

取引方法　御社規定に依る

有効期限　見積後１ヶ月とする

工番, 注番

摘　要　欄

合計金額　¥88,286

	部品番号	部品	数量	単価	金額	備　考
1	16t～15t の加工費含む	ベース	1	88,286	88,286	
2				-	-	
3				-	-	
4	以下余白			-	-	
12				-	-	
	合　計				88,286	何時もお世話様に成ります。左記御見積価格に成りましたのでご査収宜しくお願いします。

消費税は別途請求書発行時一括請求となります。

図表2-7-1　見積書の単価のみを表示する

No. 001

御　見　積　書

顧客名　御中

担当者　様

貴　年　月　日　号御照会の件

下記の通り御見積申し上げます。

受渡期日

受渡場所　御社指定場所

取引方法　御社規定に依る

有効期限　見積後１ヶ月とする

工番, 注番

摘　要　欄

合計金額　¥88,286

	部品番号	部品名	数量	単位	単価	金額	単価内訳		加工明細	
							材料費	加工費	機械加工	処理費
1	16t～15t の加工費含む	ベース	1	台	88,286	88,286	17,286	38,000	15,000	18,000
2					-	-				
3					-	-				
4	以下余白				-	-				
12					-					
	合　計					88,286				

備　考：何時もお世話様に成ります。左記御見積価格に成りましたのでご査収の程、宜しくお願い申し上げます。

消費税は別途請求書発行時一括請求となります。

図表2-7-2　見積書の単価の明細を表示する

08 設計者が見積書を読むときに求められる力

　一般に設計者が見積書を入手する目的は、開発・設計している製品が目標原価として定められている予算を達成できるかを確認するためでしょう。

　そのため、設計者は見積書を読むとき、まず見積金額を確認して予算の範囲内なのかを確認するでしょう。もし予算オーバーになっていれば、製品の構造や部品の形状などを見直すことになります。その際、どの部分に着目するのかを知るためにも、見積書の明細を入手しておくことが大切です。

　設計者が見積書を入手する先は、社内の見積専門の部署（コストエンジニアリング）と外注先に大別できます。社内のコストエンジニアリング部門であれば、しっかりとした見積明細を入手できるでしょう。もう一つの外注先からの見積書では、明細を入手できるかどうかがポイントになります。

　また、外注先へ見積書を依頼する場合、設計者から直接依頼できる会社と、バイヤーが同席しないと依頼できない会社があります。これは、外部から品物を調達する役割と権限を購買部門が持っているからです。

　注意点として、外注先の中には、設計者とバイヤーで、異なる単価の見積書を提出するところがあります。設計者へ提出する見積書よりもバイヤーに提出する見積書の単価の方が安価になっているのです（**図表2-8-1**）。

　これは、調達品の決裁権を持つ購買部門が、他部門に強い影響力を持って、自部門の成果を示そうとしているからです。外注先は、購買部門からコストダウンの要求があることを見越して、設計部門にはコストダウン分を上乗せした見積書を提出しているのです。

　しかし、この見積書を判断材料にすると、設計者が予算（目標原価）を達成できているかを判断するなかで、現在の厳しい予算をクリアできていないと見なされてしまうことになります。これは、見積書の金額をゆがめる一例です。設計者には、正確な見積書の金額が伝わる仕組みになっていることが大切です（**図表2-8-2**）。

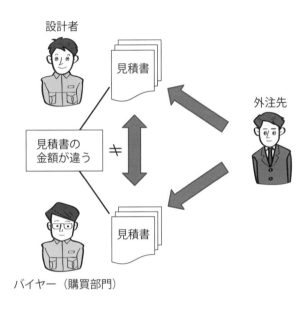

図表2-8-1　予算（目標原価）に役立つ？

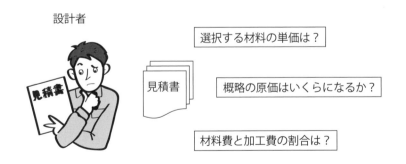

図表2-8-2　目標原価に役立つ見積書か？

09 製品のコストダウンに役立つ 見積書の取り方

　設計者は、製品について、すべてを一から設計・開発しているでしょうか。多くの場合、社内の製品や知りえた他社の製品情報などをもとに、ひな形があって、一部の変更と既存のモジュールを組み合わせて製品化しているでしょう。特に、量産品の開発・設計業務に携わっている場合、製品群やグループで括られる一部の製品を設計することになるのではないでしょうか。

　たとえば、家庭用プリンタの設計を考えてみましょう。仕様を変更して、1分間あたりの印刷枚数を10枚から15枚に変更したとします。この場合、印刷のスピードを上げる必要があります。つまりモーターなどの部品や、回路・プログラムなどのモジュールの変更が、開発の対象になります（**図表2-9-1**）。

　このように、社内で開発した製品をベースに新規の製品を開発することが多いでしょう。この方法は、一般に流用設計と言われています。流用設計では、予算（目標原価）について、変更になる部分の見積金額を中心に検討することで、開発期間を短縮でき、開発費を抑えることができます。また、設計者の育成にも役立ちます。その一方で、新製品の創造性や革新性が欠けやすいため、注意を払う必要があります。

　製品の予算（目標原価）について、限られた部品を対象に行うことは、コスト意識を持った新製品を開発するための訓練になります。設計した部品やモジュールのコストを知ることで、次のよりよい製品の開発につながります。

　作成した図面（部品）や購入品などのコストを知るために、設計者は下記のような方法で見積書を入手します（**図表2-9-2**）。

①社内のコストエンジニアリング部門

　社内の場合は、部品の見積明細を見ることによって、その金額の妥当性を確認できます。社内の見積明細は、工程ごとの詳細な時間を明らかにできますから、それらの工程での大きな費用も明確になります。このため、コストダウンの重点も明らかになってきます。

図表2-9-1　流用設計

製　　品	製品仕様	検討対象
現行品 プリンタ	製品外形寸法 ○○ mm ×□□ mm ×△△ mm 入力　AC100V-12V 表示方法　液晶パネル 操作方法　タッチパネル 1分間の印刷枚数 10 枚 製品処理枚数（寿命） 　　　　△○○□□枚 目標原価　　○□○円	
新製品	製品外形寸法 ○○ mm ×□△ mm ×△○ mm 入力　AC100V-12V 表示方法　液晶パネル 操作方法　タッチパネル **1分間の印刷枚数 15 枚** 製品処理枚数（寿命） 　　　　△○○□□枚 目標原価　　○△○円	外装（カバー）の形状 モーターの選択 タイミングベルトの選択 操作プラグラム　など

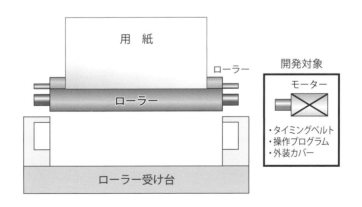

ただし近年では、コストエンジニア（見積担当者）が製造現場を見たことがないために、普通ではやらない作り方を基準に見積もることがあります。この点だけは、注意する必要があります。

②これまで取引実績がある取引先

　従来の外注先には、部品の見積明細を出してもらうことがポイントです。外注加工品であれば、工程別に見積金額を出してもらうことでしょう。良好な関係の外注先からは、コストダウンの提案が出てくるかもしれません。

　しかし、購入品は明細をもらうことが難しいでしょう。ただ信頼関係にある取引先であれば、取引先から提案をしてもらうことで適切な見積書やコストダウンのアイデアを入手できるかもしれません。

③新規に売り込みに来ている取引先

　売り込みに来ている外注先にお願いする理由としては、2つ考えることができます。一つは、自社で持っていない技術を保有していて、今後導入したい場合です。もう一つは、既存の取引先と同じ技術を持っていて、品質・納期・コスト面からメリットを得られそうな場合です。

　こうした取引先は、従来の取引先にない新しいアイデアを提供してくれることがあります。見積書については、記入方法を指示することで、見積明細を提出してもらえるでしょう。ただし、受注のために安めの単価を提示し、取引量が増えるとともに価格を上げてくる会社があることには注意が必要です。

④インターネットで見積もりと取引を行う会社

　近年では、インターネットを活用した見積依頼が活発になってきています。受発注企業を探すマッチングサービスが代表的な例です。インターネット上で短時間のうちに見積もりを行い、納品まで対応する企業も増えました。

　設計者が、試作機を製作するための部品調達で活用されているケースをよく見かけます。今後もこのネットによる取引は増えていくと考えられます。ただ、迅速な対応による見積もりは非常にうれしいことですが、コストダウンを考えるうえでは、期待に乏しいでしょう。

　見積明細の入手について紹介しましたが、その見積金額の妥当性を評価すること（査定）は必要です。そのため、社内の見積りの基準と、それをもとに算出した見積金額を理解しておくことが重要です。

図表2-9-2　見積書入手の方法

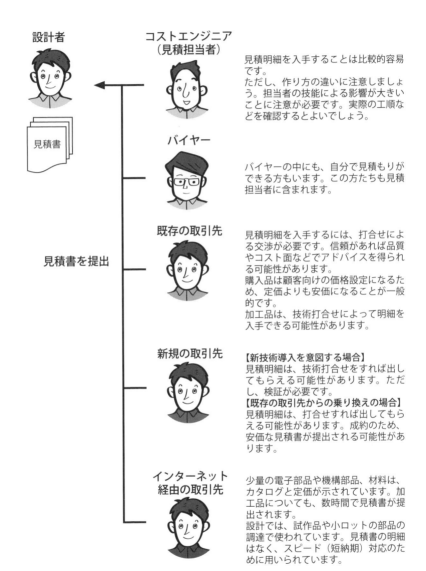

設計者

コストエンジニア
（見積担当者）

見積明細を入手することは比較的容易です。
ただし、作り方の違いに注意しましょう。担当者の技能による影響が大きいことに注意が必要です。実際の工順などを確認するとよいでしょう。

見積書

バイヤー

バイヤーの中にも、自分で見積もりができる方もいます。この方たちも見積担当者に含まれます。

見積書を提出

既存の取引先

見積明細を入手するには、打合せによる交渉が必要です。信頼があれば品質やコスト面などでアドバイスを得られる可能性があります。
購入品は顧客向けの価格設定になるため、定価よりも安価になることが一般的です。
加工品は、技術打合せによって明細を入手できる可能性があります。

新規の取引先

【新技術導入を意図する場合】
見積明細は、技術打合せをすれば出してもらえる可能性があります。ただし、検証が必要です。
【既存の取引先からの乗り換えの場合】
見積明細は、打合せすれば出してもらえる可能性があります。成約のため、安価な見積書が提出される可能性があります。

インターネット
経由の取引先

少量の電子部品や機構部品、材料は、カタログと定価が示されています。加工品についても、数時間で見積書が提出されます。
設計では、試作や小ロットの部品の調達で使われています。見積書の明細はなく、スピード（短納期）対応のために用いられています。

10 明細をもらいやすい 見積書のフォームを考える

　ここまで、取引先から見積書の金額明細を入手することを提案しました。しかし、外注先に明細を作ってもらうのが難しいという意見をよく聞きます。

　外注先から見ても、これまでは金額を記載するだけでよかった見積書に明細を記入するとなれば、それだけ時間が必要になります。特に、複数の工程を経る部品の見積もりでは、工程ごとに検討や確認をして記入するボリュームも増えます。

　とくに板金部品の見積もりが難しいという声はよく聞こえますが、それらの会社に共通しているのは、実際の作業現場を見ていないことです。

　著者の経験では、板金部品について、40〜60の工程があったことがありました。複数の子部品があり、溶接作業の工程を経て一つの部品になっていたため、工程が多くなったのです。

　これらの部品を見積もりするために、担当者は完成している現品や工程を見せてもらえる外注先に訪問し、実際の作業現場を確認しています。そして、工順の情報が資料にまとめられて、新規の類似部品の製作の見積資料として用いています。

　工順が分からないからと、市販の見積ソフトで対応しようという試みもあるようです。そして、なかなかマッチするソフトがないと嘆いている会社もあるようです。それは、自社に必要なものづくり技術の大切さを理解せずに、役に立つツールがあると考えているからです（技術の中抜き）。その結果、現状を改善できない状態でいるようです。

　このため、明細を入手するための見積書のフォームについて考えていきましょう（**図表2-10-1**）。見積書には、必要な工程を工順別にまとめ、そこに金額などの見積明細を記載できるようにするとよいでしょう。類似部品を見積もるときに、類似部品の代表例として工順を参照できるようになります。

　このように見積書のフォームを工夫することも一つの方法です。

コスト算定書

日付：　　令和4年12月17日

区　分　[　　　　　　　　]　　担当者：[　　　]

品目番号　[zirei1]

品目名　[　　　　　　　　　　]
生産ロット数　[　20]個

1. 材料費

素材形態	材　質	寸法(厚さ)	寸法(幅)	長　さ	素材重量	材料単価	材料費	員数
丸棒材	S45C-D	40	200	160	1.67	160.00	266.7	1

2. 加工費

加工工程	設備機械	時間単価	加工時間	加工費	段取時間	段取費	総加工費
旋盤工程	φ100	76.88	124.78	9592.56	0.9	69.19	9661.7
フライス	サイズ500	97.29	1682.34	163668.31	0.9	87.56	163755.9
研削工程	外径φ150	75.72	80.59	6102.28	2.0	151.43	6253.7
研削工程	平面-600	68.09	54.08	3682.10	2.0	136.18	3818.3
合計			1941.8	183045.2	5.8	444.4	183489.6

材料費計　267　　　加工費計　183,490　　　コスト合計　183,756

見積ソフトの見積資料の一例

図表2-10-1　明細のある見積書のフォーム（例）

49

承認図の活かし方

皆さんは、承認図をご存じでしょうか。承認図は、顧客と取引先の間で取引する品目について、その仕様を顧客が承認した図面のことです。

たとえば、ボールねじという機構部品があります。標準品仕様のボールねじに対して、軸端の形状や寸法を顧客の仕様に合わせて変更し、その顧客だけの寸法で製作することがあります。そのボールねじを示すのが承認図です。承認図を取り交わすことで、競合他社との取引を排除できます。見積書においても、他社との競合を避けられます。

一般的には、設計者と取引先との間で部品の仕様を打合せして、図面を取り交わします。一方、購買部門は承認図をあまり好ましく思っていないものです。なぜなら、それらの部品はメーカーが指定されるため、価格交渉や生産量の変動などに苦労するからです。このため、設計部門が承認図を取り交わさないよう圧力をかける購買部門もあります。

ある会社では加工部品の一つについて、設計者が承認図を取り交わそうとしました。しかし、購買部部門がストップをかけ、バイヤーが図面をもとに数社から見積もりを取り、最も安価な外注先に決めました。部品が納入され始めた当初は順調だったのですが、半年が過ぎたころに外注先からバイヤーへ値上げ要求が出されました。外注先では、歩留まりが悪く、全く採算が取れなかったからです。そしてバイヤーは、この値上げを認めました。

この結果、当初の部品単価よりも5%ほど高くなりました。設計者は、バイヤーが単価を下げることだけを考えて設計者の意見を無視し、結果としてトラブルになったことに憤慨していました。

承認図には、製作元のノウハウが含まれているものです。図面だけを見て簡単に判断すべきではありません。

第 **3** 章

見積書で見える
コストを読み解く

01 見積品目を整理する（加工品、購入品、素材（原材料））

　見積品目について、整理をしておきます。見積品目は、素材（原材料）、購入品、加工品に大別できます（**図表3-1-1**）。

　素材（原材料）は、製品や部品を製作するために用いるものです。丸棒材、鋼板、H鋼、I鋼などの素材、プラスチック製品に使われるペレット、副資材として用いられるズク銑鉄などがあります。

　購入品は、規格品とメーカー標準品、市販品に分けて考えられます。規格品は、ISO規格やJIS規格によって大きさや強度、寸法精度などが決められ、販売されている製品のことです。代表的な製品には、ボルト、ナット、ワッシャーなどがあります。メーカー標準品は、その製品を販売しているメーカーが標準品として提供している製品です。このメーカー標準品を、顧客が自社向けに規格の一部を変更して購入することがあります。この場合は承認図として取り交わします。

　加工品は、内作品と外作品に分けられます。内作品は社内で製作する品目のことで、外作品は外注品あるいは外注加工品とも呼ばれています。さらに外作品は、設計外注、加工外注、工程外注に区分できます（**図表3-1-2**）。

　設計外注は、製品の開発・設計を外部に委託することです。設計外注では、納入される品目が部品や製品ではなく、図面や仕様書などになります。加工外注は、顧客の図面をもとに、外注先が部品を製作することです。加工外注は、外注先の技術や能力など利用目的に応じて用いられます。工程外注は、ある特定の工程だけを外部に委託することです。代表的な例では、表面処理があります。社内に焼入れやメッキなどの設備がないため、委託するのです。特に、建機や工具などの焼入れは高度なノウハウを必要とするため、専門メーカーに依頼しています。

　外注品というのは一般的な分類です。現在では、設計から製造、組立、最終検査までをすべて外部に委託したり、製造から最終検査まで委託したりするな

ど、範囲が明確ではなくなってきています。いわゆるワンストップ・サービスです。

図表3-1-1　見積品目の分類

区　分	品　目	領　域	アプローチ
素材	・材料（鋼材、鋼板、棒材、線材など） ・原料（樹脂、ペレットなど） ・副資材（ズク銑鉄、ベントナイト、新砂など）	プライス決定 領域	商談中心 　買い方研究
購入品	・規格品（ボルト、ナット、ワッシャーなど） ・メーカー標準品（モーター、電磁弁など） ・市販品（フランジ、パッキンなど）		VE/VA
外注加工品	・鋳造品 ・鍛造品 ・ダイカスト品 ・加工品 ・加工組立品	コスト 変動領域	技談中心 　コストテーブル 　外注政策

図表3-1-2　外作品の種類とワンストップ・サービス

外作品	特　徴
設計外注	製品の開発・設計を外部の外注先に委託すること。 納入品：図面や仕様書など
加工外注	顧客の図面をもとに、外注先が部品を製作すること。利用目的に応じて、保有する技術力や工場の能力、コスト面などによって決める。 納入品：部品や製品など
工程外注	ある特定の工程だけを外部に委託すること。代表的な例として焼き入れやメッキ、塗装といった表面処理など。 材料や部品を支給して処理してもらうため、有償支給と無償支給がある。

ワンストップ・サービスとは、受注する会社が、設計から加工・組立・検査まで一括して請け負うことができるサービスのこと。
一般的には、特定の会社が窓口になって、すべての工程を取りまとめる。取引先が、企業間の連携を図って製品を作っていく。

02 見積もりの方法も さまざまある

　次に、見積書を作成するための見積もりの方法について考えてみます。見積もりにはいろいろな方法があります。いくつかの代表例を述べていきます（**図表3-2-1**）。

　勘や経験による見積もりは、昔からよく使われている方法です。図面や仕様書、現品などを見て、勘や経験から「いくらで作れるか」という金額を算出します。著者も、目標原価が設定されている新製品の開発・設計の相談を受けたときに、「おおよそいくらで作れるか」のあたりをつけるために用いました。この段階で目標原価の達成が難しい場合は、目標原価あるいは製品仕様の見直しを提案しました。

　二つ目が、過去の実績データをもとに統計処理する方法です。以前は、バイヤーが外注先と価格交渉をするときに、類似品を探して参考値にしていました。著者が工場で勤務していたころのバイヤーは、おおよその作り方を理解していましたので、加工現場を見て類似品を参考に、見積書の単価の妥当性を判断できました。

　近年では、工作機械と付帯設備の性能向上や、加工現場が海外へ移転したことなどによって、作り方が分かりにくく、加工の経験や知識が得られなくなってきました。そこで、過去の加工実績データをもとに、統計的手法を用いて見積もりを行うようになっています。この手法は、加工技術に関する知識が少なくても、妥当な見積単価を算出できる利点があります。最近では、加工技術をまったく知らなくても金額を求められる方法が検討されています。しかし、材料費と加工費を区分していない見積書では、原材料費の高騰によって、過去の実績金額があてにならなくなりました（**図表3-2-2**）。

　三つめは慣習的な見積もりです。これは統計的手法と似た手法です。

　過去に自動車部品を製作するとき、プレス機で1穴（1パンチ）○○円、1タップ□□円などと言われたものです。自動車部品であれば、穴径が△〜△

図表3-2-1　いろいろな見積もりの方法

見積もりの方法	長　所	短　所
過去の経験や勘による手法	・迅速に見積もることができる	・個人に依存するため、信頼性に乏しい
過去の実績データをもとに統計処理する手法	・迅速に見積もることができる ・過去のデータであるため、信頼が持てる ・個人差が少なく、信頼できる	・コストダウンに活用するための詳細を知ることができない
慣習的な手法	・迅速に見積もることができる ・見積もりできる社員を増やしやすい	・コストダウンに活用するための詳細を知ることができない ・世間一般の金額が妥当でないことがある
理論的に算出する手法	・誰もが納得でき、信頼できる見積もりを求められる ・コストダウンのポイントを見つけられる ・個人差を少なくできる	・見積もるために時間がかかることが多い ・ある程度専門知識が必要になる

〈類似品の単価をもとにした統計的手法〉

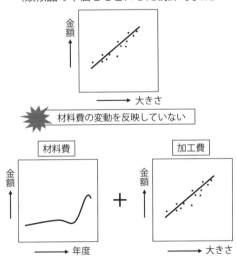

図表3-2-2　統計的手法を活用した見積もりの方法

mm、板厚が◇～◇mmと狭い範囲に収まるため、それらの平均して設定した金額です。この見積もり方法は、近年ではあまり使われないようです。

　最後は理論的に算出する方法です。これは、コスト構築理論をもとに理論的・科学的に見積金額を算出する方法です。コスト構築理論では、コストを構成する要因について体系的にまとめ、コスト算出のための基準（コスト基準）を設定します。コスト基準によって、裏付けが明確で信頼できる見積金額が求まります。コスト基準をもとに算出した結果を、コスト標準値と言います。

　この方法では、製品や部品のうち、どこに多くの費用が発生しているのかが分かります。購買部門では、外注先との見積書の金額などを比較し、コストダウンの可能性を知るために役立ちます。ただし、見積もりに時間がかかるという課題があります。このため、見積もりをシステム化することによって効率化を図るようになってきています。本書では、この理論的な見積もりの方法を中心に述べていきます。

　コスト基準について補足します。コスト基準では、誰が見積もっても同じ値になるように基準を設定することが必要です。

　図表3-2-3に示した通り、コストを構成する要因は5つあります。標準値を算出するために、コスト基準を設定します。コスト基準は、コストを構成する要因ごとに設定されます。コスト基準を計算に用いて標準値を求め、それらをまとめた値がコスト標準になります。

　コスト基準は、業務や作業などの「本来あるべき姿」をもとに設定します。
①材料の標準設定は、材料費を算出するうえで必要な情報です。材料単価、製品や部品の形状を作るために必要な仕上げ代や取り代などを設定することです。
②工順設計の標準設定は、作り方を決めることです。具体的には、生産ロット数によって作り方を決めます。たとえば、プレス品にするか板金品にするのかという選択です。
③所要時間は、製品や部品を作るために「どれだけの時間があれば作れるか」を表しています。標準時間、生産性などの設定です。
④加工費率の標準設定は、生産部門におけるコストセンターの、単位時間あた

りの加工費です。基準にする工程や設備機械の費用の基準を設定することです。
⑤管理諸比率は、生産部門以外の費用の基準を設定することです。

　これらの5つの標準値を求めることで、誰が見積もりをしても同じ金額になります。

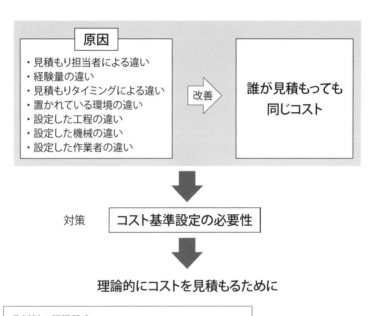

図表3-2-3　見積もる金額の異なる原因とコスト基準

03 見積書の内容を確認する

　見積書のフォームは会社によって異なっているように見えますが、記入する項目は通常、製品売価の求め方に沿って記入しているのではないでしょうか（**図表3-3-1**）。

　材料費は、見積もる品目を一単位（1pcs.）生産するために必要な材料の金額です。加工費は、見積もる品目を一単位（1pcs.）生産するために投入される、材料費を除く費用と利益のことです。加工費の内訳は、その品目を生産するために使われる費用（工場加工費）と、販売・総務・経理で発生する費用（一般管理・販売費）を品目に割付けた金額、そして利益からなります。運賃は、製品（品目）一単位当たりを顧客に納入するために発生する費用です。運賃については、加工費に占める運賃の割合が非常に小さい場合、加工費の中に含めてしまい、記載されない見積書もあります。（**図表3-3-2**）。

　見積書の計算方法に、材料費と加工費を用いないケースがあります。熱処理や表面処理、塗装などです。クロムメッキやニッケルメッキなどの表面処理、粉体塗装や自然塗装などの塗装は、作業工程が決まっているため、部品の形状や寸法が異なっても作業の手順がほとんど変わらないのです。このため、製品や部品の重量に、重量（kg）あたりの金額、あるいは表面積に面積（㎡）あたりの金額を乗じた見積もりの方法が用いられています（**図表3-3-3**）。すべての部品が、材料費＋加工費＋運賃で求められているわけではないことを知っておいてください。

　現在の取引では、部品の完成まで、あるいはユニットやモジュールまでを外部に依頼することが多くなっています。このため、バイヤーは工程ごとに現品の持ち運びや連絡をすることなく、外注先に任せてしまうことができます。

　たとえば、鋳物部品を注文するとします。その加工工程は、鋳造⇒切削⇒塗装になっています（**図表3-3-4**）。このとき、鋳物の切削をする外注先が窓口となって前工程の鋳造や後工程の塗装について、納期や技術打合せなどを行い、

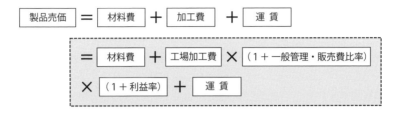

図表3-3-1　製品売価の基本的な求め方

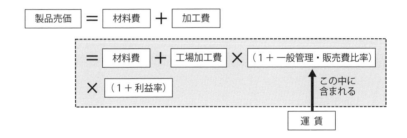

図表3-3-2　運賃が表示されない製品売価の求め方

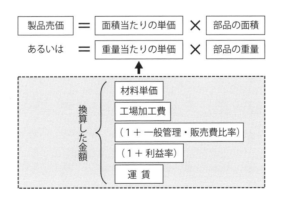

図表3-3-3　表面処理や鋳物などの製品売価の求め方

完成部品にまとめるのです。バイヤーは現品の持ち運びをする必要がなくなり、外注先に品質の保証業務を任せ、効率化を図れるものとして進められてきました。

　この方法を積極的に進めた方法が、企業連携です。製品の設計から完成まで、すべて外注先に任せてしまうのです。企業連携をしている外注先は、多くの加工方法に対応できることによって、より多くの受注量や売上高を確保しています。これもワンストップ・サービスの一例です（**図表3-3-5**）。

　このときの見積書の明細は、何が記載されているでしょうか。見積書に書かれているのが単価と合計金額だけで、明細が無いことがあります。著者も、鋳物部品を鋳造⇒切削⇒塗装まで行う工程の見積もりで、単価と合計金額だけが記入されている見積書をよく見かけました。鋳物部品を例に述べると、多くの場合、切削加工をする外注先が受注窓口になって、図表2-7-1のような単価のみの見積書を出しています。

　また、ワンストップ・サービスでは自社での製造活動を行っている部分が小さくなり、連携している企業の費用が大きくなることがあります。つまり加工費が小さく、連携している会社への支払いが大きくなるのです。

　さらに、ワンストップ・サービスでは、受注窓口になった会社が顧客に納入するまでの工程の納期や品質の管理にかかる費用も含まれます。このほかに横持ち（運送）の費用が必要です。これは、2章5項の事例で見積書に記載されていた管理費の内訳の一つです。ただ、企業によってはこの管理費を加工工程の加工費の中に含めていることもあります。このため、記入している各項目の確認や自社の記載方法を提示して、その区分に合わせて記入してもらうことが必要です。

　最後に、現在の課題について少し紹介しておきます。それは、ワンストップ・サービスが当たり前になった結果、直接取引をしている外注先以外の加工に関する知識が身に付かないことです。製品や部品の作り方が分からなくなってきているため、コストダウンのアイデアを出せなくなっています。このことは、後でも解説していきます。

図表3-3-4　鋳造部品の製作工程

工　順	鋳　造	切　削	塗　装
コスト算出式	kgあたり単価 × 鋳物の重量	所要時間 × 加工費レート	m² あたり単価 × 製品の表面積

見積書は金額だけの記載になっていないか

図表3-3-5　製造業のワンストップ・サービスの例

製品	設計	鋳造	加工 旋盤	フライス	研削	溶接	焼入れ	メッキ	塗装	組立	立会検査
	部品 a	○		○					○		
	部品 b		○		○		○				
	部品 c			○		○		○			
搬送装置	部品 d	○				○				○	○
	部品 e			○	○	○					
	部品 f	購入品									
	部品 g	購入品									
	部品 h	購入品									

○は経由する工程。
搬送装置の設計から完成品までを受託している。

04 材料費の求め方

　ここからは、見積書の各構成要素について述べていきます。

　まず材料費です。材料費は、材料単価・材料使用量・材料管理費・スクラップ費から構成されています。材料費は、**図表3-4-1**の計算式で求めることになります。

　材料単価は、一般に材質ごとに1kgあたりの価格（単価）で考えます。たとえば、S45C○○円／kg、SPCC□□円／kg、SUS304△△□□円／kgといったように表現されます。材料単価の設定は、通常2つの方法が考えられます。一つは時価法といわれ、購入したときの価格をもとに設定する方法です。もう一つは予定価格法で、ある一定期間の価格を予測して設定する方法です（**図表3-4-2**）。

　材料単価は、2020年末ごろから全体的に上昇しています。素材を作るために必要な鉄鉱石やボーキサイトなどの原材料と、その過程で必要な原油・石炭のようなエネルギー資源がともに上昇しているからです。このため、設計者が過去の見積書を確認して新製品の目標原価の参考にしようとした場合、大きな食い違いが発生する要因になります。材料単価は、通常購買部門が把握しています。この情報を入手できるしくみを作っておくことが必要です。

　材料使用量は、これだけあれば製品や部品を製作できるという量を指します。原価計算には材料消費量という原価要素があります。材料消費量は、実際に使った量を表し、材料使用量は計画段階でこれだけの量があれば製品や部品を作れるとする量を指します（**図表3-4-3**）。

　さらに材料使用量は、正味材料使用量と材料余裕量から構成されます。正味材料使用量は、製品や部品をつくるために必要な量を示し、その製品や部品になる正味の部分（正味量）と、加工や変形するために消費される最低限必要な量からなります。**図表3-4-4**の例でいえば、シャフトになる部分と形状を作るために削る仕上げ代、切断代などの部分の重量の合計を正味材料使用量と呼び

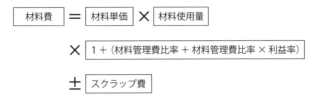

図表3-4-1　材料費の基本的な求め方

図表3-4-2　材料単価の設定の仕方

価格設定の方法	設定の内容
時価法	市場で、その材料がその時々にいくらで売買されているのかという実勢価格を把握して、都度、材料の単価を定めていく方法
予定価格法	本来は時価を材料単価とすべきですが、変動が少なく安定している場合は、ある一定期間の単価を取り決める。これを予定価格として定める方法。

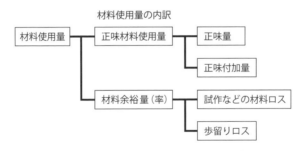

図表3-4-3　材料使用量の構成要素

材料の使用量は実際に使ったぶんだけじゃないんだね

63

ます。

　これに対して材料余裕量は、材料から部品や製品を作る際に、やむをえず発生するロス量のことです。材料には定められた寸法があります（定尺材）。定尺材から部品をとる際に発生するロスなどがこれにあたります。

　材料管理費はあまり聞きなれない言葉ですが、材料を調達・管理する部門の費用です。一般には、資材・購買、受入れ、倉庫部門で発生する費用で、これらの部門で発生する社員の労務費や倉庫の建屋、クレーンやフォークリフトといった運搬具などにかかる減価償却費、などのことです。これらも材料費に含みます。

　材料管理費は通常、製品になる材料の費用（直接材料費）に割付けるために比率を用います。また、計算式の「材料管理費比率×利益率」は、資材・購買、受入れ、倉庫部門の業務を遂行することによって会社の利益に貢献をしていることを表しています。ただし、会社によっては、「材料単価×材料使用量」で表される金額に含まれていることもあります。

　スクラップ費は、材料から製品や部品を取ると残る切りくずなどのスクラップにかかる費用です。スクラップには、銅やアルミのように売れるものと、樹脂のように廃棄処理するために費用が発生するものがあります。これらの費用をスクラップ費として材料費に反映させます。

　ただし、実務面で考えると、スクラップ費は売れても廃棄しても、材料費に占める割合は微々たるものです。このため、生産ロット数が数万個～数10万個以上の大きな数量に限って計算に含めます。

　材料管理費に関してはあまり理論的に考慮されていないようですが、経験的に材料単価あるいは材料使用量に含めることが多いようです。つまり、実際の見積書では「材料単価×材料使用量」で記載されています（**図表3-4-5**）。

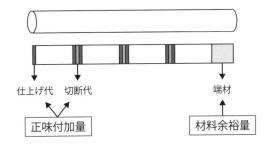

図表3-4-4　シャフトを作るときの材料使用量

・生産ロットが数万個以下の場合

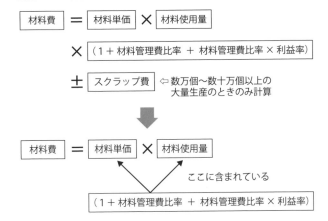

図表3-4-5　見積書に記載される材料費の求め方

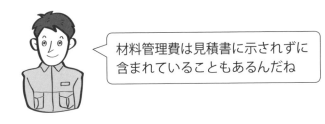

材料管理費は見積書に示されずに
含まれていることもあるんだね

05 設計者に求められる 加工費の考え方

　製品売価、加工費は、**図表3-5-1**の計算式によって求めます。この計算式の加工費は、会社で発生する材料費を除いた費用と利益を製品一単位に割付けたものです。

　加工費は、加工時間（所要時間）に加工費レート（時間単価）を乗じて求めます。そして、ここで忘れてはならないのが、工順（工程手順）です。

　ベースの事例で紹介したように、加工費は工程ごとに算出し合計することで求めます。さらに部品を組み立てる工程も、所要時間（組立時間）に加工費レートを乗じます。これをコスト積上げ法といいます。

　見積書に材料費と加工費、運賃を分けて金額を記載しているだけでは、見積もりを算出できる方でないとその妥当性を判断できません。つまり、作り方が分からないと、評価が難しいということです。このため、見積書では見積もりの明細を記載してもらうことが必要です。

　設計者が、見積書を活用することについて考えます。設計者には、製品に対して予算（目標原価）が設定されています。この予算（目標原価）は製品を対象に設定されていますので、製品を構成するモジュールに予算（目標原価）を割付けます。このモジュールの予算が割付け原価です。そして、モジュールからさらにユニットやサブAssyへ分けて原価割付けを行います。このように、製品の予算（目標原価）から部品へとコストを割付けていくのがコスト展開法です。

　そして、製品の開発・設計業務では、ユニットやサブAssy、部品について、設計者が図面や仕様書を作成し、作成した図面や仕様書のコストを算出するために見積もりを依頼するわけです。ここでの見積もりでは、工順に沿ってコストを算出するコスト積上げ法を用います。

　設計者は、製品の予算（目標原価）を達成するうえで、コスト展開法とコスト積上げ法の金額を小さな誤差にしていくことが求められるのです。

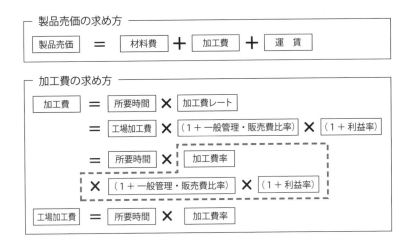

図表3-5-1　製品売価：加工費の求め方

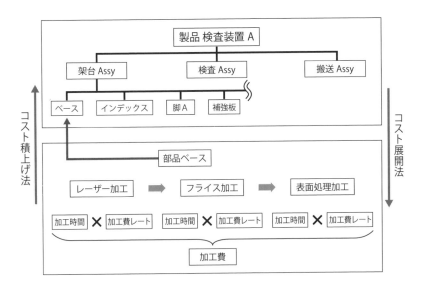

図表3-5-2　コスト積上げ法とコスト展開法

06 加工費レートの内訳とは？

　加工費について、加工時間（所要時間）と加工費レートに分けて整理します。

　加工費レートは、会社で製品を作る工程や設備機械を対象に、コストをとらえる単位として設定したコストセンターの単位時間当たりの加工費のことです。

　加工費は、製品を作るために発生する費用（工場加工費）とそれ以外の費用（販売、総務、経理など）、利益に分けて考えることができます。生産部門での製品1単位を作るための費用が工場加工費で、それ以外の費用が一般管理・販売費比率として工場加工費に上乗せされます。最後に利益を加味して求められます（**図表3-6-1**）。

　工場加工費は、所要時間（加工時間）と加工費率からなります。加工費率は、生産部門での工程や設備機械の単位時間当たりの加工費のことで、加工費レートとの関係は**図表3-6-2**のようになります。

　また、加工費率の内訳は、設備機械と作業者に関する費用に分けられます。設備機械の単位時間当たりの費用は設備費率、作業者の費用は単位時間当たりの費用が労務費率になります。

　ただし、生産部門の費用の中には、生産現場で設備機械や作業者が共通で使う費用や、生産部門全体のために発生する費用が含まれます。前者は職場共通費のことで、設備機械のための設備共通費率と作業者のための労務共通費率です。後者は生産技術や品質管理、生産管理部門などで発生する費用のことで、製造活動を支援するための製造経費です。

　工場加工費は、**図表3-6-3**の計算式に示すような内訳になります。加工費率は、コストセンターが作業者1名で1台の設備機械を使って製品や部品を製作するときの比率です。作業者が1名で2台の設備機械を使って製品や部品を作っている場合、製品を作る主体は設備機械ですので、設備機械をもとに考え

ます。つまりコストセンターは、設備機械1台と作業者1/2名になります。つまり、掛持ち台数を増やすことで加工費率は下がるのです。この加工費率に、一般管理・販売費と利益を加味した金額が加工費レートです。

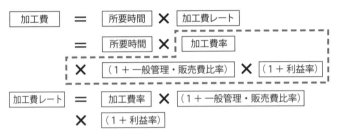

図表3-6-1　加工費の内訳（求め方）

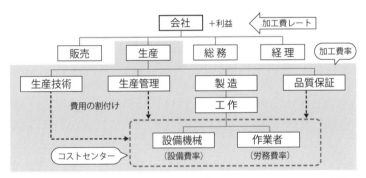

図表3-6-2　加工費レートと加工費、コストセンターの関係

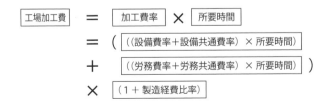

図表3-6-3　工場加工費の内訳（求め方）

07 | 所要時間の求め方

　つぎに所要時間（加工時間）について考えてみます。所要時間は、工数や加工時間、作業時間、人工など、企業によって様々な言葉が用いられています。

　ここで述べる所要時間（加工時間）とは、ある品目を1個作るために必要とする時間のことです。そして、製品や部品を製作する工程で、「これだけの時間で作ることができる」ことを表す数値です。所要時間（加工時間）は、**図表3-7-1**のように求めます。構成要素について説明します。

　所要時間の中核は、標準時間です。標準時間は、次のように定義されます。

決められた作業方法および設備機械を用いて、
決められた作業条件および環境条件のもとで、
その仕事を十分に遂行できる熟練度を持った作業者が、
期待される速さである一定の質および量を遂行するために要する時間のこと

　簡単にまとめると、製品や部品を作る上で、作業の標準となる条件が満たされたときに期待される時間のことです。

　標準時間は、作業時間と段取り時間からなります。作業時間は、正味作業時間と一般余裕時間からなります。正味作業時間は、実際に製品や部品を加工・変形・組立するために作業する時間のことで、お金になる価値を生み出す時間のことです。一般余裕時間は、朝礼や作業の打合せ、疲労の回復など正味時間に付加すべきユトリ時間のことです。

　段取り時間は、作業のために必要な準備や後始末の時間のことです。段取り時間は、製品や部品を1個作っても1000個作っても、生産数量には関係なく、生産ロットにつき1回のみ発生する性格の時間です。

　さらに見積もりで用いる段取り時間は、内段取り時間を対象にします。内段取り時間とは、設備機械を停止しないとできない、工具や材料の交換、位置決め調整などの段取り作業時間です。一方の外段取り作業の時間は、材料の準備

や後片付けなどのことで、加工費率に含めます（**図表3-7-2**）。

　労働効率とは、工場全体の総合的な生産性を表す指標です。その内訳は、現場の作業者に起因して発生する遅れ（作業能率）と、管理の不備によって発生する遅れ（有効実働率）からなります。

　つまり所要時間は、標準作業時間に労働効率という生産のロスを加えた時間と、製品や部品1単位（pcs.）の段取り時間の合計になります。

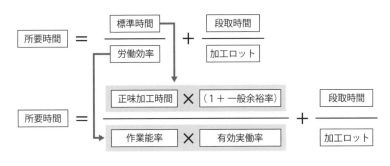

図表3-7-1　所要時間の求め方

図表3-7-2　段取時間のとらえ方

内段取り時間	設備機械を止めないとできない段取り作業	⇒ 段取り時間
外段取り時間	設備機械を止めなくてもできる段取り作業	⇒ 加工費率に含む

08 材料費と加工費以外の費用の求め方

　ここまで、材料費と加工費について解説しました。ここでは、それ以外に発生する費用について考えます。

　まず、設備機械を操作するためのプログラムの作成です。プログラム費は通常、加工費率の中に含まれますが、試作品では見積書に別途プログラム費を加えます。

　つぎに専用の治工具や金型、設備機械の費用があります。これらの費用は、ある特定の製品や部品のために用いられるものです。見積書では一般的に、金型や専用の設備機械を別項目で記載しています。これらの費用を品目1単位あたりに換算した費用を付加加工費といいます。

　付加加工費は、金型などの寿命が総生産量よりも少ないとき、再度金型などの製作費用が発生することになり、専用の治工具や金型などの寿命と生産量の関係で、計算の仕方が異なります（**図表3-8-2**）。

　ただし、専用治工具は別項目で記載されていない場合があります。専用治工具と総生産数量との関係で、総生産数量に対して金型のパンチ部品のように製作頻度が高い場合には、付加加工費の中に含めてしまうのです。見積書の金額がやや高いと感じるときに、専用の治工具が使われているか確認すべきです。

　さらに検査費があります。検査には、工程内検査と検査工程に大別できます。工程内検査は作業時間の中に含まれます。検査工程は、工順の中に含めます。品目一単位あたりの検査時間に加工費レートを乗じて、検査費として加えることになります。

　ここまでは、従来の見積書で記入を検討する項目です。しかし現在では、発注企業が工程や設備機械ごとに発注するのではなく、製品や部品の全工程を一社に依頼し、完成品を入手するようになっています。

　これに対して受注企業も、受注獲得のために多くの会社がワンストップ・サービスを行うようになっています。このため、管理費が記載されていること

があるのです。

　見積書には、材料費と加工費、運賃以外にも記載されるべき事項がある場合、記載されない場合があります。これが、見積書を読めなくする原因の一つでもあります。見積書を確認する際に、チェック項目を設けて確認しておくことが大切です。

図表3-8-1　材料費、加工費以外の費用（例）

発生する費用	内　　容
プログラム費	CAMプログラムを製作する費用です。 試作品メーカーでは、プログラム費を一つの工程と捉えて、見積書に記載するとともに製品一単位当たりに割付けることになります。 これに対して、繰り返し生産する品目は、加工費の中に一律で含めています。
専用の治工具・金型・設備機械の費用（付加加工費）	専用の治工具・金型・専用設備機械は、現在では別費用で見積書に記載されています。これらは、付加加工費とも呼ばれています。 専用の治工具の場合には、加工費に一律で含まれることもあります。このときの製品や部品一単位当たりの求め方は、図表3-8-2に示します。
検査費	検査には、工程内で検査を行う場合と検査工程として設ける場合があります。一般に工程内検査は抜き取りで行われ、検査工程では全数検査です。見積書には、検査工程を設ける場合に記載されます。工程内検査であれば、所要時間の中に含まれます。
管理費（横持ち費）	2章の事例で見たとおり、工程間（横持ち）の輸送にかかる費用や、企業間での技術や納期の打合せなどの費用のことです。

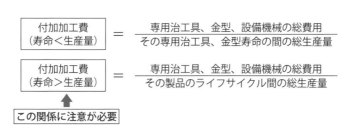

図表3-8-2　付加加工費の求め方

09 見積もりをシステム化する

　ここまで、理論的に見積金額を算出することについて解説しました。

　見積業務では、コストを算出するにあたって必要な情報が多いことに驚くでしょう。また、この見積業務を紙ベースで行うと、資料の多さに苦労することになります。このため、見積業務をシステム化して、効率よく効果的に金額を算出する方法を考えるようになります。

　見積システムを活用している会社をよく見かけます。その見積システムは、自社内で開発していることもあれば、システム開発会社へ委託する、あるいは市販の見積ソフトを購入するなど、その種類はいろいろとあります。

　業務システムの開発では、自社の業務内容を理解し、システムに依存する部分や社員がどこを担当するのかを決めるなど、全体像をまとめることから始める必要があります。これは見積業務も同様で、**図表3-9-1**の知識と能力が必要になります。そして、社員とシステムの役割を決めることになります。

　見積システムで使われる手法には、理論的・科学的な計算を用いて算出することと、過去の実績単価を活用して統計手法を用いて算出することの2つが見られます。見積システムでは、技術の進展による設備機械の性能の向上を見積単価に反映させる方法を考えなければなりません。

　たとえば、切削加工用の設備機械は、重切削から高速切削へと変わり、ATC（自動工具交換装置）やAPC（自動パレット交換装置）など付帯設備の充実による省力化などが進みました。この結果、生産性が向上し、その設備機械が普及することでコストダウン効果を生みます。

　このとき、過去の実績単価を用いた見積もりの方法では、実績データを蓄積する必要があります。実際に見積もりをするタイミングとのズレが生じることになり、見積単価の信頼性が低下します。これらの課題を解消するために、見積もりは理論的・科学的な手法（コスト構築理論）を導入し、システム化を図

ることです。システムの構築では、**図表3-9-2**を検討しておくことも必要です。また、システム化のポイントは、**図表3-9-3**に示します。

図表3-9-1　見積もりに必要な知識と能力

①図面が読めること
②現有設備機械の利用状況を知っていること
③現有設備機械でどのような加工ができるのかを知っていること
④現有設備機械の能力と精度が分かること
⑤工程の所要時間がわかること
⑥設備機械および工具の費用がわかること
⑦最も合理的な工程手順を決められること

図表3-9-2　見積システム作成の5原則

①理論的・科学的であること
②技術面は、現行ではないこと
③管理面は、企業の期待する姿であること
④高能率・高賃金を前提にすること
⑤基準は、固定的ではないこと

図表3-9-3　システム開発に必要なポイント

①見積業務に必要な全体像を網羅しているか（網羅性）
②各業務の順序（秩序）を把握しているか（秩序性）
③それらの情報を一覧表で示せるか（一覧表示）
④それらの情報を確認できるか（検証可能性）

10 見積システムと ものづくり技術の注意点

　初期の見積システムは、事務的なワーク（設備機械の機械時間の計算）をシステムに置き換えるものでした。次の段階で、加工工程の作業全体を考えたシステム化が図られました。具体的には、単純に機械時間を計算するだけではなく、専門的な知識をシステムに取り込み、実務に沿った所要時間と加工費を求めます。

　たとえば、**図表3-10-1**のような部品に2個の穴をあける作業の見積もりを考えます。1つの穴の加工時間は、送り長さ35mmを1分間の送り量で除して求めます。送り長さは、板厚30mmと（ドリルのアプローチと抜けの部分）2mm、そしてドリルの先端長さ3mmの合計35mmです。1分間の送り量は、ドリルの1分間の回転数と1回転あたりの送り量を乗じた値です。

　この穴あけ加工について、マシニングセンタとボール盤の場合を考えてみます。マシニングセンタでは、加工時間は1個の穴をあける機械時間に箇所数を乗じた時間、材料を取付け・取外しする時間、段取り時間を生産ロット数で除した1個当たりの段取り時間の合計になります。これが穴あけ加工時間になります。さらに、穴あけ加工の機械時間は、①もみつけ加工、②穴あけ加工、③片側の面取り加工になり、別の工程でもう一方の面取り加工をします。

　マシニングセンタでの穴加工の作業の手順は、①もみつけ加工2箇所、②穴あけ加工2箇所、③面取り加工2箇所という順番です。これが機械時間です。

　これに対してボール盤では、①穴あけ加工1箇所目（a穴）、②面取り加工1箇所目、③穴あけ加工2箇所目（b穴）、④面取り加工2箇所目の順番で行います。一見すると、マシニングセンタと同じ機械時間のように見えます。しかしボール盤では、a穴、b穴と、その都度材料の取付け・取外し時間と段取り時間が発生します。

　このように、設備機械によって作業内容が異なります。結果として加工時間が異なり、見積金額も変わってきます。見積システムでは、実務に沿った所要

時間と加工費を求めなければなりません。ものづくり技術を理解していないと、見積書の金額が実際の作業時間と大きく異なり、見積システムの信頼性を損ねることになりますので注意が必要です。

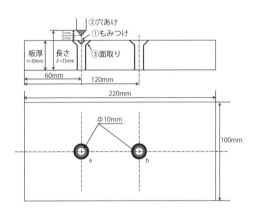

ドリルによる穴あけ加工時間	=	長さ ℓ	÷	1分間あたりの送り量

0.35 / 分 = 35mm ÷ 100mm / 分

1分間あたりの送り量	=	1回転あたりの送り量	÷	1分間あたりの回転数

100mm / 分 = 0.2mm × 500rpm

初期の見積システム

・マシニングセンタの穴あけ加工

機械加工時間	=	1個の穴をあける機械時間	×	箇所数

＋ 材料の取付け・取外し時間 ＋ 1個当たりの段取り時間

穴あけ加工の作業の手順は、①2箇所→②2箇所→③2箇所になる。
②のドリルによる穴あけ加工の時間は、0.35 分× 2 箇所＝ 0.7 分になる。

・ボール盤の穴あけ加工
作業の手順は以下のようになる。マシニングセンタとは異なり、工具の交換時間が必要になる。

a 穴の段取り作業	① 穴あけ	工具交換（段取り作業）	②面取り
b 穴の段取り作業	③ 穴あけ	工具交換（段取り作業）	④面取り

つまり、a 穴の加工作業での ①→②、b 穴の加工作業での③→④は、独立した加工工程になり、
毎回段取り作業の時間が発生することになる。

機械加工時間	=	工程ごとの穴をあける機械時間

＋ 材料の取付け・取外し時間 ＋ 段取り時間の合計

これを、a 穴の①②、b 穴の③④で集計した時間になる。

実務に沿った見積システム

図表3-10-1　マシニングセンタとボール盤による穴加工時間の違い

11 見積システムの 製品設計への応用①

　一般に見積システムは、購入品や外注品など調達品の価格交渉に用いられています。つまり見積システムは、調達品に対するコスト評価で活用され、最適なコストでの購入を補助する役割を持っています。それでは、設計活動の中で見積システムをどのように活用するのでしょうか。

　製品の開発・設計段階では、目標原価が設定されています。図面・仕様書を発行する前に、目標原価が達成できているか確認します。このときに見積システムが活用されます。目標原価を達成できないと判断されれば、設計の見直しが必要です。それは、開発・設計費用の増加につながり、開発・設計期間が延びることにもなります。また、販売するタイミングを失うかもしれません。

　このため設計者は、開発・設計段階で設計見直しを発生させずに目標原価を達成するにはどうすべきかを考えることになります。それは、設計者が自分たちで見積もりできるようになることがベストです。しかし、正確な見積もりのためには膨大なデータと知識が必要になります。このため、設計者の誰もが使えるような見積システムを考えることが必要になります（**図表3-11-1**）。

　そのためにまず、品目の見積データを整備することから始めます。見積データは、図面・仕様書（品目情報）、部品構成（部品表情報）、工順情報（どのように作るか)、生産ロット数（生産計画情報）をもとに算出します。そのデータは、材料費と加工費、生産ロット数などに分けて保存しておきます。そして、部品の見積データを部品表の部品データと関連付けしておきます。

　つぎにこれらの部品について、類似した形状をもとにグルーピングします。グループ化した部品群について、大きさや重さなどもとに統計的な手法を用いて、概算コストをざっと算出できるようにするのです。これは、加工の知識が乏しい設計者が、加工方法を意識することなく、開発・設計する部品のコストを知ることに役立ちます。ただし、過去の実績データではなく、自社のコスト基準をもとに算出したコストであることに注意が必要です。

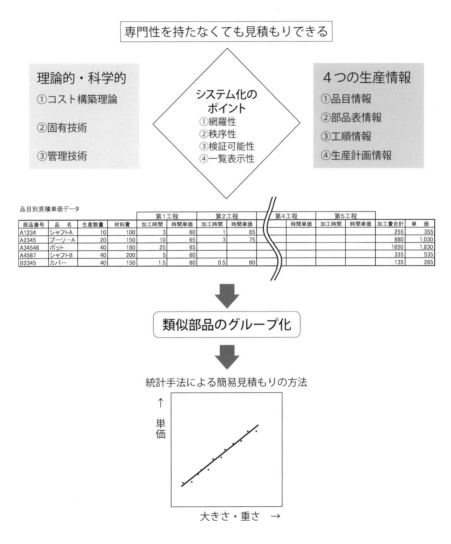

図表3-11-1　見積もりシステムの構築

12 見積システムの製品設計への応用②

　つぎにユニットやサブASSY、モジュールなどの単位にまとめます（以降、これをモジュールと呼ぶようにします）。

　モジュールは、それを構成するいくつかの部品があります。それらの部品には、見積単価のデータがあります。つまりモジュールのコストは、部品の見積データに組立費のデータを加えることで求められます。

　このモジュールについて、標準的な構造を設定して、部品と同様に類似品をグループ化するのです。そして、見積システムのデータを活用して統計的手法を用い、長さや大きさなどをもとにコストを算出するのです。製品は、モジュールの組合せです。つまり、組み合わせるモジュールの合計が、製品の見積金額になっていくのです（**図表3-12-1**）。

　設計者はこのモジュールを選択するとき、製品仕様書の要求を満たせることと同時に「予算（目標原価）で作れるか」が重要になってきます。予算（目標原価）からモジュールに原価の割付けを行うことになります（割付け原価）。このモジュールが「いくらで作れるか」という情報を入手できるようにすることです。それによって、目標原価を達成できる可能性をより高い精度で検討できるようになります（**図表3-12-2**）。

　ここでの注意点は、モジュールに要求される条件（仕様）が標準タイプと異なることがあることです。これは、標準モジュールと異なる構造のモジュールになります。標準モジュールへの部品の追加や形状の変更が必要であれば、それらの部品を見積もった金額を追加することで、モジュールの概略コストを算出できます。全く新しい構造と部品であれば、一つずつ部品の見積もりを進めます。これが、見積システムを活用した部品とモジュールの見積もりです。

　設計者は、本来ものづくり技術について確かな知識を持たないといけませんが、そのためには時間が必要です。このため、見積システムのデータを利用して、簡易的に見積もることも一つの方法です。

図表3-12-1　モジュール別見積金額データ（ベルト駆動）

部品番号	品名	構成数	購入品	材料費	加工費合計	単価	条件
A1234	シャフトA	1		120	300	450	強度
A2345	プーリA	1		650	700	1350	Φ100
A34551	調整ネジ	1		120	130	250	
A34548	ベルトA	1	○			200	
A34550	パッキン	1	○			120	材質
B3456	モータ	1	○			2500	トルク

合計金額　4870

＋
組立費
＝

モジュール別見積金額比較データ
（駆動方式）

方式（モジュール）	金　額	条　件	利点	注意点
ベルト方式	4,000〜5,500	テンションの設定	安価である	ベルトが延びる
		スリップの防止	構造が簡単	高負荷に向かない
カップリング方式	5,000〜8,500	カップリングの選定	構造が簡単	高出力モータが必要
			狭いスペースでよい	
ギア方式	4,500〜8,000	設置スペース	低出力モータでよい	組立時に精度が必要
				高価である

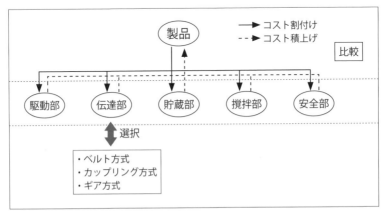

図表3-12-2　割付け原価の達成度の確認

81

見積システムの活用方法は？

　最近では、見積システムを活用しているという話をよく聞くようになりました。弊社でもExcelを使った見積ソフトを開発し、販売しています。

　見積ソフト（あるいは見積システム）を「どのように活用しているのか」を確認したくて、いくつかの会社に聞いたことがあります。その回答としては「見積単価を算出して、外注先との価格交渉に用いる」ことがほとんどです。外注先の見積書の単価とソフトの単価を比較し、交渉材料にするというやり方でした。自社の見積単価が、外注先の見積書の単価よりも安価であれば値引きを要求し、外注先の見積単価のほうが安価であれば、多少の交渉の後にその金額で成約になります。

　ここで少し考えて欲しいことがあります。たとえば、材質SS400の四角材（幅25mm、長さ300mm）を、一面だけマシニングセンタを使って、平面加工で深さ5mm削ります。面粗さは、Ra1.6です。この加工時間は、何分かかるでしょうか。

　この会社の見積担当者は、平面加工の加工法として、Φ30のエンドミルを選択していました。この平面加工の時間が加工時間になり、時間が短いほど加工費が抑えられます。つまり、コストダウンできるわけです。皆さんの会社では、どのような工具を用いるでしょうか。

　この場合、Φ30mmのエンドミルではなく、Φ40mmの正面フライス用カッターを使った方が加工時間を短縮できます。これは、加工条件の刃数を比較すればわかります。Φ30mmのエンドミルは2枚、Φ40mmの正面フライス用カッターは4枚です。回転数はエンドミルの方が多いのですが、正面フライス用カッターは刃数が多いぶん、1回転当たりの切削量が多くなるのです。

　見積もりでは、これが当たり前の方法だと決めるのではなく、条件を変えてコストダウンできる方法があるのではないか、という意識を忘れないようにするべきです。

第 **4** 章

見積書では見えない
コストを読み解く

01 見積金額だけに目を向けてはいけない

　ここでは、見積書だけでは気づかない重要なコスト要素について考えます。

　図表4-1-1の部品「アマチュア」は、電磁クラッチという製品の一部品として用いられます。さらに電磁クラッチは、事務機器の紙送り装置に採用されています。

　この部品アマチュアについて、L社から相談を受けました。相談内容は、プレス金型を用いて製作しているのだが、不良が多いというものでした。

　状況を詳しく確認していくと、プレスで製作した際の不良ではなく、プレス部品の一面を研磨（平面研削）する際に発生しているようでした。生産を始めた当初、平面研削での不良は少なかったのですが、生産するたびに少しずつ増加し、現在では不良率が5％を超えているそうです。L社では、その原因がプレス金型の老朽化ではないかと考えて、新たに金型を製作することになりました。設計部門でこの部品を製作する外注先を探しているというものでした。

　部品を製作する工順を**図表4-1-2**に示します。まず、普通鋼板（材質SPCC）をプレスで打ち抜いて図表4-1-1の形状を作ります（プレス加工）。次に、プレス部品の形状や寸法について社内で検査します（検査）。検査に合格したら工場に発送します（輸送）。プレス部品を受け取った工場では、平面研削盤で一面を研削します（平面研削）。その後、バイヤーが外注先に持ち込み研磨した面をさらにラップ研磨します（ラップ研磨）。最後にバイヤーが外注先から部品を引取り、組立工場に持ち込んで、電磁クラッチとして組み立てます（組立）。このような手順で製品を作っていきます。

　今回は、金型の更新することになっています。ただ、その実態は**図表4-1-3**のようになっていました。

　L社は、部品アマチュアをプレスメーカーA社に発注します。A社は、納期までに注文数を納品します。そして検査を通過した後、工場で部品アマチュアの一面を平面研削加工します。この平面研削加工では、不良品が5％強発生し

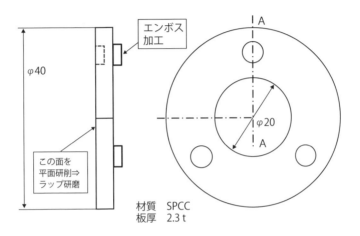

図表4-1-1　部品「アマチュア」

必要なものを必要なタイミングで、必要な数量、適正な価格で

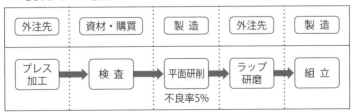

図表4-1-2　現在の生産工程

ています。

　このためL社は、不良が発生して不足した数量分をA社に追加注文します。納期は当然即納です（A社は在庫を持っています）。

　このように不良が多く、追加発注が短納期で出されるような部品は、一般に社内に在庫を持っているものです。しかしL社は、会社の方針で在庫を持たない方針を打ち出しています。このため、不良による不足分は、その都度追加注文で発注していたのです。

　さらに、L社のバイヤーは、部品の不足分を急いで平面研削工程に供給するため、A社（外注先）に部品を引き取りに行き、検査部門に検査を急がせ、工場への輸送トラックに間に合うように載せるのです。この部品一点のために、バイヤーは走り回っています。このような業務を繰り返していました。

　また、社内で平面研削を完了した部品はラップ研磨工程に送られるのですが、ここでも工場のバイヤーが外注先に部品を持ち込んでいます。また、バイヤーはラップ研磨が完了した部品の引取りも行います。これは、納期に追いかけられているため、発生している業務です。

　引き取った部品はそのまま工場に投入されて、電磁クラッチとして組立てられます。これは後から分かったことなのですが、組立工場では生産に支障が出ないよう、内密に部品の在庫を持っていました。

　こうして完成した電磁クラッチは、最終的に社内の別工場で事務機器製品に組み付けられ、一部は客先に販売されることになります。

　このように、L社のバイヤーは部品の引取りや発送、持ち込みなど忙しく仕事をしているように見えます。それがバイヤーの仕事の一つであると考えていました。

　そして、L社の方たちは、この部品の不良が数％出ることを当然だと考えていました。これは、L社の購買課長の方針が一因にあります。L社の購買課長は、多少品質が劣っていても安価に調達できることを優先していたからです。そんな状況で、L社の設計部門の電磁クラッチの担当グループから著者へ相談があったのでした。

　それでは、バイヤーのこの部品への対応がどのようにコストに影響しているかを、次項で見ていくことにしましょう。

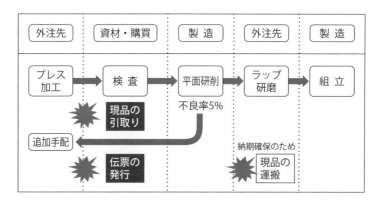

図表4-1-3　部品アマチュアの生産実態

DIPS 運動

少し古い話ですが、部品「アマチュア」で思い出すことがあります。それは、間接部門の業務の効率化です。

著者が訪問していた会社では、購買部門の業務効率化を進めていました。そのときに導入されていたのが、DIPS（ディップス）運動でした。

DIPS運動は、知的作業をしている方たちの生産性向上のための手法で、その内容は「知的作業を限定された時間に集中して行うことで、生産性を高める」というものです。このDIPS運動を購買部門で導入しました。

具体的には、週に3日、午前中は取引先との連絡は緊急時を除いて取り次ぎをせず、社内の業務に集中させるというものです。

しかし、第三者の立場で見ていると、午前中の時間に一部のバイヤーは暇になって時間つぶしをしていました。また、業務の流れが滞り、同じ業務を繰り返すことも見受けられました。

DIPS運動の考え方は理解できますが、購買業務の役割と職務内容を整理・分析し、もう少し実務に沿ったアプローチをすべきでしょう。

02 コスト意識を持つ

　今回、金型の更新を行うにあたり、そのための見積もりを取りました。L社では、A社とB社の2社から見積書を入手しました。その結果が**図表4-2-1**になります。

　見積もりの条件は、月産30,000〜35,000個です。総ロット数は2年間で80万個を想定しており、その後も継続的に生産する予定です。また、この部品を使った電磁クラッチは他社へ販路を広げているということで、今後増えることが予想されています。このような条件の中での見積結果になります。

　図表4-2-1のA社は、現在部品を納入している会社です。B社は新規の外注先で、著者が見積もりを依頼した会社です。B社は、精密プレス品の金型から製品までの製作を得意としています。

　2つの見積書を比較したとき、多くの方は当然A社にしようと思うでしょう。ただし、L社で発生していた不良率が5％強あったことが問題でした。著者も不良の原因がプレス部品にあると考えていましたが、その対策が正しくないと考えていました。このため、精密プレスで高い技術を持っている会社に検討を依頼したのです。

　結論から言えば、L社はB社を採用しました。B社製の部品が納入されるようになると、平面研削加工での不良率は0.03〜0.05％まで低下したのです。そして不良率は、1年経っても変化はありません。

　B社を採用するにあたって、L社の購買課長は、「A社の方が安価である。B社は高い。だからA社にすべきだ」と強く主張しました。しかし、L社の設計部長は購買課長に、不良を含めて発生したムダな費用の説明をしました。その内訳が、**図表4-2-2**です。

　不良発生の原因は、プレス部品のソリのバラツキをしっかり抑えられていないことでした。L社の購買課長は、安価であればよいとして、要求される品質を考えていなかったのです。それが、見えないコストを発生させていました。

不良率が低減したことによって、バイヤーや設計、品質管理の担当者はムダな仕事が無くなり、他の業務をする時間が取れるようになりました。見積書を見る際には、このような見えないコストも考える必要があります。

図表4-2-1　部品の見積書の比較

外注先	部品費	金型費	金型寿命
A社	19円	180万円（一式）	100万個
B社	21円	200万円（一式）	200万個

現行、月産30,000～35,000個であり、プレス金型の更新をする。
見積もりに必要なポイントを考える。
金型は2年間で総生産数量80万個、取り数1個にする。
プレス機械、プレス金型の種類、ステージ数、供給方法などを設定する。
コスト算出の仕方と算出例を示す。

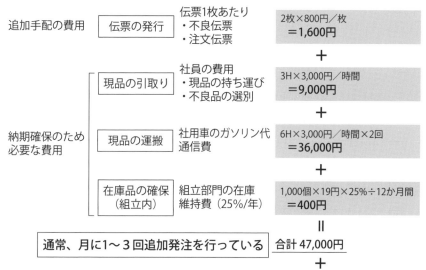

図表4-2-2　不良率5%の場合の追加費用（1回あたり）

03 利益と不良の関係

　会社の第一の目的は利益の獲得ですが、そのために工場では生産性の向上が求められます。生産性を考える場合、品質・納期・コスト（原価）が重要な役割になります。

　品質で大切なのは、不良を発生させない作り方をすることです。不良が発生すると、その不良の金額分だけ会社の収益を減らすことになるからです。だからこそ品質を重要視するわけです。

　納期は、必要な時に品物が入らないことを考えてください。生産したいときに生産できないことになり、生産するために残業や休日出勤をすれば不必要な費用が発生することになります。販売面から考えれば売り逃しにつながり、顧客を他社に取られてしまうことにもなります。

　コストはご承知のとおり、同じ品目であれば安価な方を選択するのは当たり前のことです。

　そして、品質・納期・コスト（原価）に優先順位はありません。前項のような見えないコストでは、品質・納期・コスト（原価）をお金に換算して検討することが大切です。そのためには、時間を把握して金額に換算することが必要です。

　L社の事例を参考に、不良発生が利益にどのように影響するのかを整理します。1章4項で、会社の費用は変動費と固定費に分けて考えることを述べました。変動費は、生産数量や操業時間の増加に伴って増加する費用のことで、原材料や外注加工品、購入品などが該当します。固定費は、生産数量や工場の操業度が増加しても一定となる費用のことで、社員の給料や設備機械の減価償却費などです。会社の利益と変動費、固定費の関係は、**図表4-3-1**のようになります。

　それでは、不良の発生による費用はどこに含まれるのでしょうか。不良は、製品や部品を製作したときの製作ミスです。すなわち、変動費と固定費との関

係では、不良を別の費用として計算することになります（**図表4-3-2**）。不良を削減できれば利益を増やすことになります。だからこそ、企業では不良の撲滅に力を入れているのです。

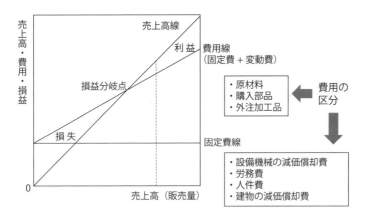

図表4-3-1　固定費と変動費の関係

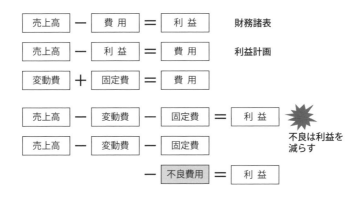

図表4-3-2　利益と不良費用の関係

04 見積書と品質、納期、コストに関する方針の整合性が大切

　部品「アマチュア」の事例では、品質よりも価格を優先する方針が見えないコストを発生させていました。このように、方針はコストに影響を与えます。

　N社の事例を考えてみましょう。N社は空調機メーカーで、加工部品の大半を海外調達しています。国内では、購入品の調達と最終組立を行っています。そして、国内でさらにコストダウンを進めたいという相談がありました。

　工場を視察したときに、一見したところ工場内に置かれている部品の数が多いなと感じました。それは、最初、組立作業現場にまとめて部品が置かれており、部品の大きさが1m以上あるからだと思っていました。

　N社では、コストダウンの対象として作業の改善を中心に考えているようでしたが、話を聞いてみると具体性がありませんでした。また、現場を見ていくなかで改善点を指摘していったのですが、それは他部署でやっていると回答されることが多くありました。つまり、自分たちの担当以外には関わらないという姿勢です。

　そして、驚いたことに組立作業では、海外から入荷した部品をそのまま現場に投入していたのです。このため、作業者が部品の組付け作業をする段階で不具合が見つかることが多く、10％前後の不良部品が発生していたのです。つまり海外調達からの加工部品は、無検査で現場に投入されています。そして、作業者が部品を組み付けられないとき、寸法などの確認をして、不良品に分別しているのです。

　不良品がある程度たまると、海外の外注先に連絡をして代品を要求することで終わりとしていました。不良品は国内で廃棄し、代品は不良品の数量よりも多く納入されてきます。したがって、しっかりとした在庫管理ができているわけでもありません。

　N社では、加工部品を安価に購入するために海外からの調達を徹底しまし

た。これがN社の調達方針です。そのうえで、さらに工場のコストダウンを進めようとしています。しかし、海外から調達した部品の10%が不良品になっています。

　もし、加工品を国内で調達していたならば、不良品への対応は異なるでしょう。納入した部品に1個でも不良品が発見されれば外注先に連絡を入れ、外注先が現場で全数検査をするか、代替品を納品するかという対応をするでしょう。

　N社の場合には、調達方針だけが独り歩きをしていて、生産全体のシステムと合っていません。コストダウンを進めるには、生産システムから調達方針を考えていくべきです（**図表4-4-1**）。

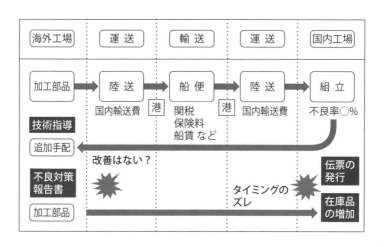

図表4-4-1　海外調達部品の実態

05 見積書と生産システム、調達方針を考える

　製造業では、部品や材料などを調達するための調達方針が設定されています。原材料や購入品の場合は購買方針、外注加工品は外注方針と呼びます。

　外注方針では、多くの企業が複数の加工工程を窓口企業一社にとりまとめて、ワンストップ・サービスで部品を購入するようになっています。発注数量は必要数量だけ購入する、特殊な材料でなければ外注先で材料を調達する、1台や2台の装置や設備機械のようにごく少量生産の場合には、加工品をまとめて一括注文する、などの傾向にあります。これらの方針は普段気にすることなく、業務の中に浸透してきました。

　その方針が、見積書を読む力を失わせることになってきたのです。具体的には、バイヤーなどが受注窓口企業の製造現場を見ることはあっても、部品を製作する全工程を見ることがなくなりました。バイヤーをはじめ設計者などが、製造現場を見る機会が失われたのです。

　これでは、見積書を読むとき部品を製作する全体の工程が分かったとしても、工程内の作業を確認することも、実際の作業をイメージすることもできません。また、受注窓口企業の製造現場を見ることがあっても、それ以外の工程はイメージできません。

　バイヤーは現在、このような環境で価格交渉を進めているのです。このため、新規の部品では、過去の類似品をもとに見積り依頼をすることになります。

　S社の事例を紹介します。S社はダイカスト品を作るメーカーで、協力会社と一緒にダイカスト以外の加工品も請け負っています。今回、顧客であるP社からダイカスト品の見積依頼を受けました。S社の社長さんは、図面を見ながら必要なダイカストマシン能力や取り数などを考えていました。顧客からは、注文ロット数50個で、2年間の総ロットは1,000～1,200個だと言われました。

　これを聞いたS社の社長さんは、金型代を考えたら板材から加工した方が、

トータルコストが安いとP社に提案しました。これは、P社のバイヤーの方たちが、過去の実績からダイカスト品だと決めており、作り方によるコストの変化を考慮していなかったのです。このような判断になった理由は、製造現場を見ることなく、過去の実績をよりどころにしていたからです（**図表4-5-1**）。

　外注方針の変化が、見積力を削いでしまっているのです。

図表4-5-1　ものづくり知識の必要性

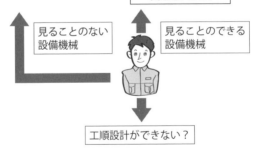

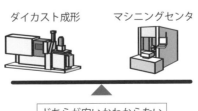

設計者が見積単価を確認するときの注意点

　設計者の見積書を入手した後の打合せについて、少し述べておきたいと思います。

　取引先では、見積書を見ながらその内容について説明します。このとき、設計者の中には、バイヤーのように金額面での交渉に強く興味を持ち、もっと安価にできないかと値引きを要求する方もいます。

　著者の経験談ですが、顧客からある部品についての相談を受けて、アイデアをもとにコストダウンの提案を行いました。品質が向上するとともに、8%程度のコストダウンが望めるユニットの提案です。顧客にとっては大きなメリットを生む提案だったと思います。

　このような場合は、通常、提案した部品の試作品を製作し、実機テストを行って、期待した性能や品質が確保できるかを確認するものです。しかし、その設計者の方は、もっと価格を下げられないかとコストダウン交渉ばかりしてくるのです。そのため、著者はその設計者との打合せを止めました。設計者が本来進めるべき実機テストをないがしろにして、さらなるコストダウンを求めてきたからです。

　この設計者がコストダウンに躍起になっていた理由は、自身の実績をあげたかったからだそうです。

　しかし、設計者の本来の仕事は、製品に使える部品やモジュールなどを開発・設計し、その有用性を確認して評価することです。部品を安価に調達するのは、バイヤーの役割です。この点を履き違えることがないようにするべきでしょう。

第 **5** 章

見積もりの手順と
コストダウンのための準備

01 コストダウンには、良いコストダウンと悪いコストダウンがある

　この章では、購買部門を中心にしたコストダウンの進め方について考えます。

　購買部門でよく実施されるコストダウンの方法があります。それは、既存の実績ある部品の価格見直しを依頼することです。外注先にとっては実績のある部品ですから、注文を失いたくないため対応を検討するものです。ただ、このときのコストダウンの依頼方法がよくありません。

　よく見かける進め方は、会社に外注先の方たちに集まってもらい、購買部長が「会社が厳しいため、一律○○％のコストダウンをお願いしたい」などと言って、値引きを強く求めることです（**図表5-1-1**）。この方法は、取引関係での信頼を損ねるものになり、顧客の受注を増やすための協力関係ではなく、自社の利益を確保することに重点が置かれる対立関係になってしまっています。とはいえ現在は、外注先に対してこのように露骨なコストダウンを求めることは少なくなったようです。

　ただ、現在では形を変えて指し値をしようとしている会社があります。著者が、新規部品の見積もりで相談を受けたときの話です。N社は、板金品を中心にした製品を生産・販売しています。相談は、N社の購買部長さんからのものでした。購買部門では、多くの業務を抱えています。このため、業務の効率化を図りたいと考えていました。

　効率化のために検討されたことが、設計部門で発行された図面から自動的に見積金額を算出するツール（ソフト）を導入し、外注先にその見積金額で発注することでした。バイヤーは、ツールから算出された見積金額を外注先に提示して、その金額で購入すればよいと考えていたのです（**図表5-1-2**）。

　購買部長は、このような方針で業務の効率化を図れると考えています。また、経営幹部の中には、この考えを持つ方が一定数います。これは、RPA（ロボティックプロセスオートメーション）だという方もいるかもしれません。

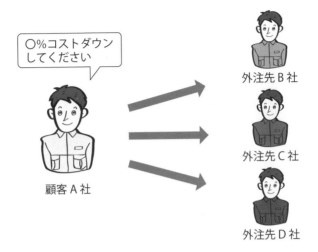

図表5-1-1　よくある悪いコストダウン・アプローチ

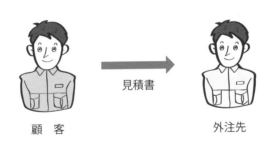

1．指し値による交渉
2．威圧的な交渉
3．拝顔的な交渉
4．買い叩き（とにかく安価に）

図表5-1-2　個々の会社へのよくあるコストダウン・アプローチ

著者は購買部長さんに「バイヤーがコスト意識を持ち、コストの内訳を知り、コストダウンを進めていくことも業務の一つではないか」と投げかけました。するとこの部長さんは、「バイヤーにはローテーションがあり、3年もすると他の部署に異動してしまう。そのような交渉を行っても、すぐに社員が変わってしまう。また一から教えるのは、ムダであるから必要ない」と答えられました。皆さんは、この部長さんの考え方に賛同するでしょうか。

　従来、経営幹部になるためには各業務を経験し、経営者としての資質を高めることが必要でした。購買部門は、取引先の経営者や経営のあり方を見て学び、利害関係にある外注先とのコミュニケーションの取り方が学べる部署です。そして、購買部門は会社の利益に直接影響を与える部門であることなどから、重要な役割を担ってきました。しかし現在は、経営者候補として各業務の経験をすることなく、直接育成していくようになっています。このような理由からの判断かもしれません。

　話を戻しますが、購買部門の重要な役割の一つは「機会損失を未然に防ぐ」ことです。見積書は、この機会損失を無くするためでもあります。

　たとえば、見積ソフトで算出された見積金額が外注先の設定している見積金額よりも高ければ、外注先は何も言われないで受注するでしょう。逆に、見積ソフトの見積単価が外注先の見積単価より安価であれば、その単価ではできないと値上げを要求するか、受注を断るでしょう。

　見積ソフトの数字をそのまま伝えるだけでは、価格交渉ではなく指し値であり、バイヤーはなぜその金額が妥当なのか説明することもできないでしょう。これは、購買部門の役割を果たしているとは言えないでしょう。

　また、繰り返し発注している部品で、コストダウンの検討依頼をする場合はどうでしょうか。このとき、見積ソフトをどのように使うかわかりませんが、取引先に一律○○％のコストダウンのお願いをすることしかできないでしょう。これでは、バイヤーが何を重点において価格交渉をするべきかわかりませんし、当然その結果も期待できるものではなくなるでしょう（**図表5-1-3**）。

　このように見積もりと見積書は、会社の業務の中で適切な価格を知り、利益を確保するため、そして人材を育成するためにも必要です。この意識がないと、会社は損失を被ることになってしまいます。

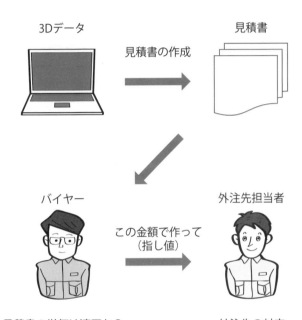

図表5-1-3　価格交渉はRPAでできる？

02 コストダウンは段取りが大切である

　以前、自動車関連メーカーの生産管理部長Ｓさんと、コストダウン依頼について話をしました（**図表5-2-1**）。

　この会社では、自動車メーカーにヘッドライトなどを生産・販売しています。当時は、自動車メーカーから年に２回のコストダウン依頼が来ていたそうです。会社としては競合メーカーとの関係を考えると、この依頼を断ることが難しかったそうです。

　また、日本を代表する自動車のトップメーカーでは、取引先からコストダウンが難しいと回答があった場合、社内の改善チームを派遣して一緒にコストダウンを推進することを提案してくるそうです。その提案を受ける場合、社内にプロジェクトチームを設置し、顧客のプロジェクトチームと合同でコストダウン活動をすることになります。

　自動車関連メーカーにとって見れば、社内で進めてきたコストダウンの成果を顧客に知られることになります。それまで自社内で作り上げたノウハウとその成果も明らかになり、競合他社にそのノウハウを知られる可能性もあるのです。会社としては非常に重要な問題です。このため、自動車関連メーカーでは、独自にコストダウン活動を進めるそうです。

　顧客は部品構成から始まって、各部品の加工工程、使用する設備機械、作業内容、作業時間などの情報とデータを整備して持っているとのことでした。

　現在、このようなコストダウンはあまり見られなくなりました。それは、生産拠点が国内から海外へと移ったことによって、労務費が下がることによる直接的なコストダウン効果が得られたためです。このため必然的に、納期や品質へ重点が移りました。

　しかし、現在起こっている国内回帰が進むと、いずれコストダウン依頼が出てくることになるでしょう。このとき、自動車メーカーのようにしっかりと準備している会社が、コストダウンも進めやすくなってくるのです。

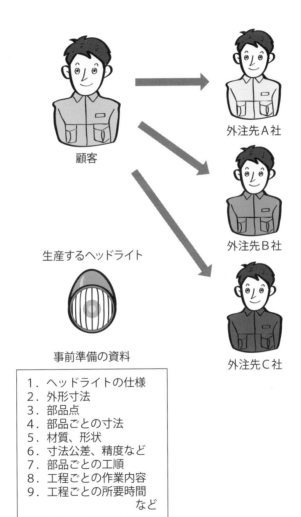

顧客

外注先A社

外注先B社

外注先C社

生産するヘッドライト

事前準備の資料

```
1．ヘッドライトの仕様
2．外形寸法
3．部品点
4．部品ごとの寸法
5．材質、形状
6．寸法公差、精度など
7．部品ごとの工順
8．工程ごとの作業内容
9．工程ごとの所要時間
           など
```

図表5-2-1　コストダウンの事前準備

03 | 見積もりに必須な図面・仕様書に、漏れはないか

　図面・仕様書には、見積書を作成するための基本的な情報が記載されています。材質、形状から使用する素材、生産ロット数や精度から必要な設備機械、製品の大きさや取り数（プレス品や成形品の場合）などの条件から設備機械の能力などを検討します。このように、図面から見積もりに必要な情報を読み取り、見積金額を算出して見積書を作成することになります（**図表5-3-1**）。

　それでは、その図面・仕様書から必要な情報が読み取れない場合、どうするのでしょうか。たとえば、図面は一品一様で作成されるはずなのですが、時として1枚の図面に複数の部品を記載していることがあります。**図表5-3-2**のようなシャフトの図面を考えてみましょう。図面を見るとわかるように、シャフトの長さだけが異なり、両端の加工形状や端からの寸法と形状は同じです。このため、1枚の図面で複数のシャフトの部品番号が記載してあります。設計者にとっては類似した図面の作成を簡略化でき、効率的です。

　この場合、部品単品の見積依頼をするのであれば、長さを指定することで理解してもらえます。しかし、ユニットやサブAssy、モジュール単位での見積もりであった場合、一品一葉の他の図面と、1枚に複数部品が載せられている図面を、一つ一つ組合せを確認しながら見積もりをする必要があります。その後、見積書を作成することになります。

　従来から取引をしている外注先であれば、図面の確認は容易でしょう。しかし、その場合でも一品一葉のものと比べれば時間を取られますし、見積もる部品を間違える可能性があります。新規の外注先では、図面の関連性を理解するのに時間を取られ、間違うこともあるでしょう。その結果、取引先との価格交渉で見積もりのやり直しが発生することもあるのです。

　図面・仕様書は、見積書を作成するための必要不可欠な情報です。設計者は、見積担当者にしっかりと伝わるような図面、仕様書を作成していくことが必要です。

・材質は何か
・形状からどの素材を使用するか
・素材から必要になる工程
・生産ロット数や精度から必要な設備機械
・製品の大きさや取り数（プレス品や成形品の場合）
　などの条件から設備機械の能力　　　など

図表5-3-1　図面から入手すべき情報は？

図面番号	長さ（ℓ）	部品番号
A1001	300	PA1001
A1002	360	PA1002
A1003	250	PA1003

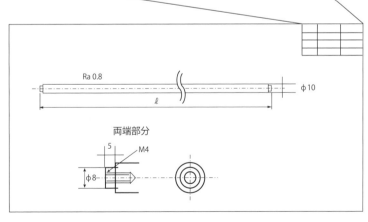

図表5-3-2　1枚の図面に複数部品を記載している

04 見積依頼のための 情報収集をする

「情報は、最大の武器である」という方たちがいます。確かに情報は重要です。購買部門の役割の一つである「機会損失を未然に防ぐ」という側面から考えても、情報は欠かすことができません。現在購入している品目は、ほかの会社ならより安価に調達できるのではないかという意識にもつながります。

このためには、外注先の情報をしっかりと把握していることが必要です。知っておくべき情報として、取引先の経営姿勢や保有する設備機械、協力度、品質管理、納期の順守などがあります。それに加えて、関連業界の動向といった動的な情報も入手しておくべきです。

近年、原材料や機械要素部品や電子部品の価格変動が激しくなっています。その理由の一つは、グローバル化によって一つの変化が他に影響を及ぼすようになったことです。

たとえば、工作機械メーカーの受注量が好調だったころ、工作機械に用いられるボールねじや直動部品（リニアガイド）、電子部品などが不足しました。日本工作機械工業会では、これ以上の機械の増産は生産能力、部品調達の両面から無理だと発表しました。

部品不足は工作機械業界にとどまらず、多くの企業に影響を与えました。著者もこの時期、設備機械や装置メーカーの方から「ボールネジや直動部品（リニアガイド）、電子部品などが入手できなくて困っている。普通に注文すると6か月から9か月かかるので何とか入手する方法がないか」という相談を受けました。こうした場合、部品が不足してから慌てて対処をしようとしても、対応は難しいものです。

このため、顧客は取引先に内示情報を提供するようになり、取引先は先々の計画情報を求めるようになりました（**図表5-4-1**）。また、この内示情報が大きく変化しなければよいのですが、当月にふたを開けてみると発注がゼロになった、あるいは急に3割増し、5割増しになったというように変化が激しかった

としたらどうなるでしょうか。取引先は内示の情報を信頼しませんし、過剰な在庫を抱えないような対策やリスクを考えて、見積書の金額を高めに設定するでしょう。

　このように、情報をたんに提供するだけでなく、正確さも要求されていることを忘れてはいけません。

図表5-4-1　サプライチェーンと調達リードタイム

機構部品メーカー

手持在庫　　105（千台）

	当月	1月	2月	3月	4月	5月	6月	7月	8月
需要予測		500	500	400	500	550	500	500	450
生産計画	500	500	400	450	550	500	500	450	500
在庫数量	105	105	5	55	105	55	55	5	
発注数量	400	450	550	500	500	450	500		

機構部品メーカーの生産計画は、
2か月前に決まっている

部品が足りない！

顧客（メーカー）

手持在庫　　20（千台）

	当月	1月	2月	3月	4月	5月	6月	7月	8月
需要予測		220	230	240	230	230	240	250	200
生産計画	200	200	200	200	200	200	200	200	200
在庫数量	30	10	−20	−60	−90	−120	−160		
発注数量	200	200	200	200	200	200	200		

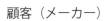

増産が必要

05 | 見積書を査定すること、分析すること

　2章で、見積もりの対象は素材（原材料）、購入品、加工品に分けられることを述べました。分類ごとに見積書の記載内容は異なるものです。それらの見積書を見て査定するのですが、その前に一つ考えておくことがあります。それは、見積単価には、世界経済や業界の動向、需要と供給の関係などが反映されることです。

　具体的な例を示すと、近年の原油価格の動向が挙げられます。原油価格はWTI（北米）で1バレルあたりおよそ40ドル（2020年）だったのが1バレルあたりおよそ70ドル（2021年）、2022年には1バレルあたりおよそ100ドルと上昇し続けています（**図表5-5-1**）。この影響は、物流コストの上昇だけでなく、プラスチックの原材料や電気料金の価格上昇などになって見積書に反映されてきます。

　また、2020年秋頃から続く鉄鉱石などの価格上昇は、鋼材やアルミニウム、ステンレス材などの素材（原材料）価格の上昇を引き起こしました。現在は高止まり、あるいはさらに上昇を続ける気配のある素材もあります。このため、加工品を外注先に依頼している一部の企業では、毎月のように価格改定の交渉が行われているそうです。

　これらの価格上昇は、外注先からの価格改定の交渉にどのような影響を与えるでしょうか。素材価格の上昇は通常、材料単価のアップになります。つまり、材料費が上昇します。このとき、材料費がどの程度アップすることになるかを把握できるでしょうか。

　見積書を見たときに、最初に見るのは価格でしょう。次にその明細、つまり材料費と加工費を確認するでしょう。そして、外注先から素材（原材料）の価格が上昇していると説明され、見積書の材料費を確認します。ところが、取引先からの見積書には、材料費と加工費に分かれておらず、ただ製品価格（単価）だけが記載されていないでしょうか。これでは、その価格が妥当であるの

か分からないでしょう。また、過去の金額とどのように比較すればよいのでしょうか（**図表5-5-2**）。

　中堅規模のメーカーでも、購入する原材料の単価を持っていないことがあります。この状態でコストダウンをしようとしても、買いたたくしかなくなります。まず、見積もりに必要な情報を整備し、分析できるようにすることが大切です。

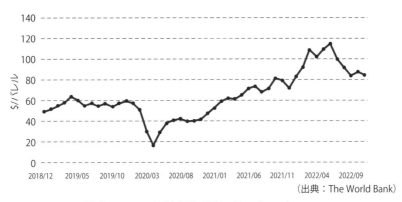

（出典：The World Bank）

図表5-5-1　原油価格推移（$/バレル）

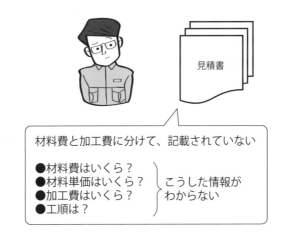

図表5-5-2　査定ができる見積書になっているか？

06 コストダウンと設備機械の 性能、加工費の関係

　加工費レートと加工時間（所要時間）を減らすことが、加工費のコストダウンにつながります。この２つは相互に関係があります。

　同じ設備機械でも、付帯設備の有無によって加工費レートが異なります。APC（自動パレット交換装置）、ATC（自動工具交換装置）、位置決めセンサー、自動搬送装置などが代表例です。これらの付帯設備の費用は、加工費レートに含めて考えます。

　現在、多くの工作機械や板金加工機械に付帯設備が設置されるようになってきました。これまで熟練作業者の手によって行われていた作業を機械が行うことになります。作業者は手が空いたぶん、他の作業ができるようになります。

　従来から行われているNC自動盤のように、１人の作業者が複数台の設備機械を操作できるようになりました。設備機械の掛持ちです。設備機械の掛持ち台数を増やすことができれば、加工費レートを下げられます。このため、加工費レートは製品や部品の品質や納期を考慮して、自社を基準にする設備機械（付帯設備を含む）をもとに設定するべきものです。ただ安価な設備機械を探せばよいというものではありません。

　ときどき、非常に安価な加工費レートで外注先との交渉をしている会社があります。その裏付けはあいまいで、見積書の単価の信頼性が無いため、むしろ混乱しています。これは注意すべきことです。

　もう一方の所要時間（加工時間）について考えてみます。所要時間は、作り方と設備機械の性能によって変化します。とくに近年は、設備機械の技術の発展によって性能に差が出てきています。マシニングセンタの空送り速度や切削工具の高速化などをみても、重切削から高速による切削が主体となり、加工時間を短縮する方向で進んでいます。

　ただ、旋盤加工やフライス加工など同じ機能の設備機械でも特徴があり、購

入金額も差があります。そのため、ここでも自社が基準にする設備機械（付帯設備を含む）の設定が重要になってきます。設備機械や加工方法は、長期的な視点に立って検討しながら進めるべきでしょう。

図表5-6-1　付帯設備の有無と加工費レート

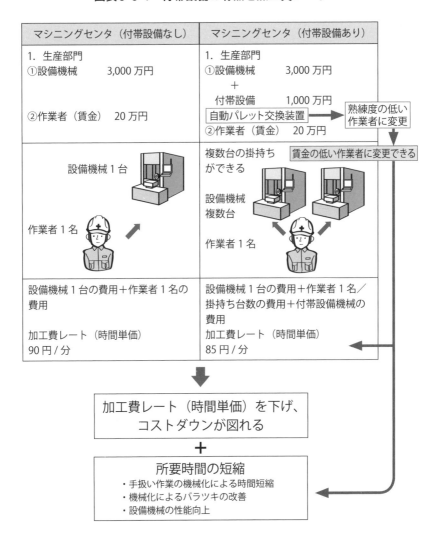

07 製品設計でのコストダウンのポイント

　ここでは、設計者が製品や部品のコストダウンのために何を心がけるべきかを考えます。

　著者は、まず「Simple is Best（シンプル・イズ・ベスト）」だと考えています。製品の構成や構造を複雑にせず単純化すること、部品の形状を単純にしていくことです。このためには、素材から削ったり変形したりする作業を減らし、シンプルにすることが必要です。

　これは、IE（インダストリアル・エンジニアリング）での改善活動に関連しています。具体的な検討として、IEでは、作業を①やめられないか、②組み合わせられないか、③順序を変えられないか、④単純化できないか、という4つの視点から考えます。不必要に削ることを止められないか、必要な形状を単純化できないか、2つの部品を組み合わせて一つにできないか、組立順序を入れ替えることによって作業の効率を上げられないか、などです（**図表5-7-1**）。

　製品レベルでは、まず構成する部品点数を考えるのがよいでしょう。部品点数が多くなると、組立工数が増えます。これは、当然のことです。また、部品を組立てるとき、組合せ寸法を抑えるために、合わせる面の表面粗さは高くする必要があります。これは加工費アップにつながります（**図表5-7-2**）。

　部品レベルでは、部品の作り方を考えます。つまり工順です。工順では、品質と納期の確保、最適なコストを満たす作り方です。たとえば、プレス品にするか、板金品にするかです。この場合、生産総ロット数と金型の費用を考慮する必要があります。

　同じ部品であれば、プレス品と板金品を比較したとき、部品の単価はプレス品の方が安価になります。しかし、プレス品は金型を必要とするため、プレス部品の単価に金型費用を割付けて板金品の単価と比較し、安価な作り方を選択します（**図表5-7-3**）。

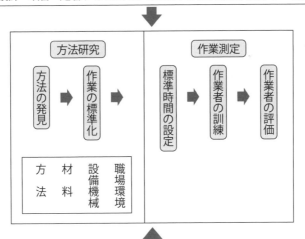

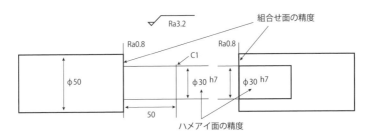

図表5-7-1 IEによるコストダウン

図表5-7-2 組立と部品精度の関係

加えて、部品の加工工程数が増加すると、工程ごとの段取り費用も増えることになります。その分コストアップになります。たとえば、**図表5-7-4**の穴あけ加工です。この穴は、他の部品との位置合わせのために用いられており、直径6 mmに対して±0.02mmの公差が記載されています。現在、マシニングセンタで穴を加工した後に、治具研削盤で穴の研磨を行っています。治具研削盤で穴を研磨するのは、±0.02mmの公差を確保するためです。この部品を加工している工作課では、直径6 mmの±0.02mmの公差について、安全を見て治具研削盤の工程を経由していました。

　この作業について、マシニングセンタでのドリルによる穴加工をエンドミルによるヘリカル加工で穴をあけることで、±0.02mmを確保できないかを提案しました。加工現場の責任者からは、できないことはないという回答があり、マシニングセンタで加工する際にヘリカル加工に変更し、穴の研磨を止めたのです。この結果、治具研削盤で穴を研磨する工程がなくなりますので、この工程分コストが下がりました。工順をシンプルにするためには、このように加工工程を減らすことが効果的です。

　しかし、これらの作業内容について設計者が理解していなければ、よい製品の設計ができないのでしょうか。加工や作業の内容を知ってから設計の業務を進めるとなれば、知識を得るまでに多くの時間を必要とします。その時間を短縮し、効率よく設計者を育成するために、設計標準があります。

　設計標準とは、製品や部品の製作にあたって、品質・納期・コスト面から留意すべき点をまとめたものです。たとえば、プレス品や板金品の穴加工を考えてください。図表5-7-5の図の下のように、端から穴までの距離、穴と穴の距離などを一定以上離すように指示されています。これは、それ以上に距離を近づけると穴が変形してしまうためです。近づけたいのであれば、別の工程で穴をあけることになります。つまり、工程が増え、コストアップにつながります。設計標準を順守することによって、コストを抑えられるのです。

　また、設計標準はコストダウンにも役立ちます。設計標準から外れる場合に、その対策を検討することになります。この結果、新たな作り方や形状の作成など、自社の新しいノウハウを作り出すことにつながるのです。設計者は、設計標準をしっかりと確認しておくことが求められます。

図表5-7-3　工順と生産ロット、総ロット数の関係

工順と生産ロット数、総ロット数

	工　法	第一工程	第二工程	金額	備　　考
	プレス	ブランク	フォーム	○○円	○○個以上 ブランク型と曲げ型が必要 金型費を製品1個1個に割付ける
	板　金	レーザー	ベンダー	□□円	○○個以下 金型なし

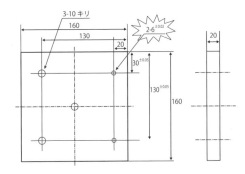

図表5-7-4　位置決め穴の研削

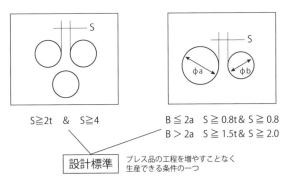

$S \geqq 2t$ ＆ $S \geqq 4$　　　　　$B \leqq 2a$　$S \geqq 0.8t$ ＆ $S \geqq 0.8$
　　　　　　　　　　　　　　　$B > 2a$　$S \geqq 1.5t$ ＆ $S \geqq 2.0$

設計標準　プレス品の工程を増やすことなく生産できる条件の一つ

図表5-7-5　プレス品の設計標準（例）

08 価格交渉の進め方について考える

　5章の最後では、価格交渉について考えます。

　価格交渉でもっとも重要なことは、信頼関係ではないでしょうか。価格交渉にあたって顧客と取引先との信頼関係がないと、顧客は疑問の目を向けてくるでしょう。そうなると、価格の妥協点を見つけにくいものです。

　顧客が立場を利用して有利に調達したならば、取引先はできるだけ損失を無くそうと警戒するものです。あるいは、取引そのものに積極的ではなくなります。たとえば、納品した製品を後から値引き要請するような場合です。本来、やってはいけないことなのですが、日付を遡った見積書を提出させるのです。取引先はこのような顧客を当然信頼しませんし、他の顧客の受注を増やそうと考えるでしょう。

　それでは、信頼関係が保たれている中での価格交渉は、どのように考えることができるでしょうか。価格交渉は、説得と納得の関係にあるでしょう。取引は、顧客が主体になって、見積書に記載している要求品質と納期を確保できるか、適正な価格（コスト）か、などを打合わせることになります。通常は、品質と納期がともにクリアできることを前提に価格交渉を行います。

　このとき、顧客と取引先の担当者は、価格についてどのように見るでしょう。顧客はできるだけ安価に調達したい、取引先はできるだけ高く販売して儲けを増やしたいでしょう。しかし、だからといって顧客はタダにしろとは言いません（以前は、既存の取引品目のコストダウン要求で、それに近いことを言うバイヤーもいましたが）。一方、取引先の担当者は、この価格で売りたいという考えで見積書を提出するのです。

　両者は、見積書をもとに金額を下げるか、あるいは見積書の金額で契約するように説得します。そして、互いに相手側が納得したところで金額が決まります。このように説得と納得の関係になるのではないでしょうか。

　価格交渉はそれを理論的に理解したうえで、感情で納得するのです。理論的

な交渉は大切ですが、最後は感情で決まります。これは、最初の信頼関係のう
えに成立つものです。このため、調達部門では、取引先とのコミュニケーショ
ンが大切になってきます。

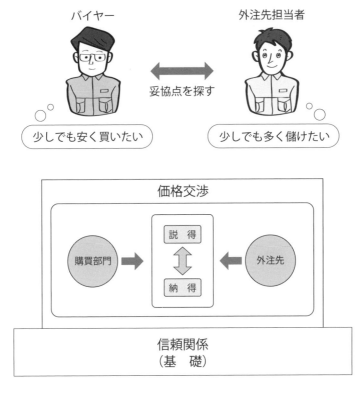

図表5-8-1　価格交渉の説得と納得の関係

癒着とコンプライアンス

　バイヤーには、取引先との癒着という問題があります。バイヤーが取引先に便宜を図り、その見返りをもらうことです。この癒着が発生しないように、購買部門では定期的にローテーションを組んで担当を替えているところもあります。

　ただ、多くの会社では担当替えはあっても、購買部門に長く在籍している社員の方がいます。これによって、バイヤーががらりと変わっても、コミュニケーションが取りにくくなることを防げます。バイヤー自身も、調達品に関して広い知識や経験を積むことができます。

　著者も何社かで、実際に癒着しているバイヤーを見ています。たとえば、鋳物類の調達をしていた古参のバイヤーの話です。鋳物に関しては、企業のワンストップ・サービスが進む中でも、最初の工程が受注窓口になることはあまりないのです。また、鋳造の現場は粉塵や暑さ、汚れなど厳しい環境ですので、バイヤーも現場に近づきたがりません。このため、鋳造工程や鋳造技術に関してバイヤーの知識が育たず、古くから鋳造に関わっていたバイヤーしかいなくなってしまったのです。

　この方は、優秀なようで、鋳造に関する各部門からの問い合わせや相談に対応していました。ただ、取引先に接待やバックマージンを要求しなければ、ですが。

　これはコンプライアンスにも違反しているでしょう。しかし、このバイヤーがいないと、鋳物に関する業務が滞るのです。人材不足で、このような人を使わないといけない状況になってはいけません。癒着を指摘する前に、なぜ発生したのかを考えるべきです。

第 **6** 章

コストダウンへの
アプローチ

01 素材、購入品、加工品に分けて見積書の前提を考える

　調達品は、素材（原材料）、購入品、加工品の3つに大別できます。この3つの区分は、コストダウンの着眼点が異なってきます。

　素材は原材料のことです。原材料は経済や政治、市場の需要と供給の動向などによる影響を受けます。たとえば、ニッケルの市場在庫が減るとステンレス鋼が高値になっていきます。逆にニッケルの在庫を確保できるようになると、値が下がり安定してきます。

　素材の購入方法としては、一般に集中購買や分散購買などが考えられます。以前はまとまった数量を買うまとめ買いや、需要と供給の変化を予測し先行して購入する投機買いなども活用されてきました。しかし、現在は在庫を持たない傾向が強くなっているため、この方法では運用しにくい状況になっています。

　つぎの購入品も素材の価格変動の影響を受けます。近年ではメーカーが製品在庫を持たなくなってきているため、需要の増加が生産活動へ影響を与えるようになっています。購入品の需要が大きく変化した場合、メーカーが保有している在庫が少ないため、原材料の注文量を増やすことから始めることになり、需要増加の早い段階で納期遅れが生じやすくなっています。素材と購入品の入手にあたっては、調達品目の購入ルートと購入先の情報を整理しておくことが必要です。

　また、購入品のメーカーでは、購入している品目の長期にわたる顧客の生産計画情報を入手するようになってきています。これは、半導体不足による自動車生産台数への影響からも理解できます。

　最後の加工品は、内作と外作に分けて考えることになります。ここでは、外作品（外注加工品）について述べます。

　外注加工品には、一つの加工工程だけで完成する品目と、複数の工程を経て品目になるケースがあります。多くの企業では複数の工程を経るときに、1社

に発注して全工程の取りまとめを行ってもらうワンストップ・サービス体制になってきています。つまり、どのような工程を経るか（工順）を知ることが難しく、その情報が求められるのです。

図表6-1-1　調達品の区分とコストダウンの事前準備

区　　分	品　　目	事前準備
素材	・材料（鋼材、鋼板、棒材、線材など） ・原料（樹脂、ペレットなど） ・副資材（ズク銑鉄、ベントナイト、新砂など）	素材（原材料）は、経済や政治、市場の需要と供給の動向などによる影響を受ける。 買い方による集中購買や分散購買、一括納入や分割納入、有償支給や無償支給などが考えられてきた。 しかし、現在は在庫を持たない傾向が強くなっている。 素材の入手では、まず調達品目の購入ルートと購入先を整理しておくこと。
購入品	・規格品（ボルト、ナット、ワッシャーなど） ・メーカー標準品（モーター、電磁弁など） ・市販品（フランジ、パッキンなど）	素材の価格変動の影響を受ける。 製品在庫を持たなくなってきているため、需要の増加が生産活動への影響を与える。 購入品の入手では、まず調達品目の購入ルートと購入先の情報を整理しておくこと。
外注加工品	・鋳造品 ・鍛造品 ・ダイカスト品 ・加工品 ・加工組立品	表面処理などのように一つの加工工程だけで完成する品目と、鋳造品などのように複数の工程を経て完成する品目のケースがある。 複数の工程を経る場合は、1社に発注して全工程の取りまとめを行ってもらうワンストップ・サービス体制が中心である。

02 加工品を知るには、ものづくりを知ることが大切

　ある鋳物部品を考えてみます。この鋳物部品は、鋳造⇒切削⇒塗装の3つの工程を経て完成部品になります。このうち切削を担当する会社が受注窓口となり、鋳造と塗装をする会社にそれぞれ依頼しています。この窓口企業をK社とします（**図表6-2-1**）。

　K社の見積書は、鋳造⇒切削⇒塗装の各工程を含んだ合計の金額になります。このとき、その見積書は金額だけが表示されている状態になっていないでしょうか。K社と価格交渉を行うのであれば、各工程の金額に分けて検討する必要があります。金額だけ記載してある見積書では査定できないからです。

　価格交渉でよく見かけるのは、単純に価格交渉で値引きをお願いするだけの姿です。しかし、効果的に価格交渉を行うためには、工程手順（工順）を知っておくことが必要です。そして、それらの工程ごとにかかる金額を確認できるようにしておくことです。これが記載されていないと、K社の加工費を分析できず、コストダウンを進めることも難しいでしょう。

　見積書の金額の明細は、鋳造では重量と重量あたりの単価、切削では旋盤やフライスなど工程ごとの加工費、塗装では面積と面積当たりの単価になります。価格交渉では、これらのコスト要素の明細を知る必要があります。これがないと、たんに高いか安いかだけの交渉にしかなりません。

　また、コストダウンを進めるためには、鋳造や切削、塗装など生産に関する知識（ものづくりの技術）を知っておくことが求められます。コストダウンの打合わせは技術的な話題が中心になるからです。たんに顧客の立場を利用した高圧的な打合せや拝顔的な交渉では、見積金額をゆがめるものになるかもしれません。

　ものづくり技術は加工品の見積書を読むために必須なものですが、近年はIT技術の進展とともに、ものづくり技術が軽視されています。これは、工場

が国内から海外へ移転されたことで、生産（ものづくり）を見る機会がなくなってしまったことが一因です。また、ITに依存してものづくり技術について考えなくなってきたという状況もあります。

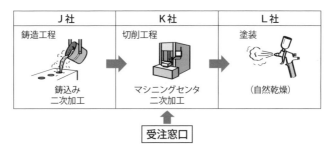

図表6-2-1　鋳造部品の製作工程

図表6-2-2　見積書の記載内容と査定

03 ものづくり技術があってこそ、IT技術は活きる

　近年は、IT技術の進展によって経営活動をシステムとしてとらえ、いくつかの切り口から改革を推進しています。その代表的なシステムが、サプライチェーンマネジメント（以後、SCMと呼びます）ではないでしょうか。

　SCMは自動車産業でその成果が示され、各産業へと広まり導入されるようになりました。SCMは、顧客へのサービスと生産性を確保しつつ、在庫数量の削減を目指したシステムです。

　PDMも同様です。PDMは、製品の設計を切り口にCADデータやBOMなどに関するデータを一元管理する製品情報管理のことです。

　設計部門では、顧客のニーズという見えないものを製品というかたちあるものに変換していくうえで、過去のデータや新しい技術、経験を取り入れて、新たな製品を生み出すために活用していきます。

　PLMは製品ライフサイクル管理ともいわれ、製品企画から設計・調達・製造・販売・廃棄までのライフサイクルにおけるデータを一元管理することです。

　3つのシステムの中で見積書は、PDMの図面を生産部門に発行するときに予算（目標原価）の達成を確認するためや、SCMの生産部門で適切な取引先の選択・購入単価の決定のために用いられます（**図表6-3-1**）。

　さらにPDMでは、見積書に反映された新しい技術や加工方法などの情報をフィードバックし、アップデートしたデータを提供します。

　ただ、社内の見積書の単価が、取引先の見積書の単価よりもかなり安価になっているケースを見ることがあります。そして、見積担当者はその差額の原因を明らかにすることなく、次回のために適当に調整して、見積金額を算出しているのです。会社の見積業務が形だけになっています（**図表6-3-2**）。

　この原因として、見積担当部門や担当者の能力不足が考えられます。実際に

製品や部品を作っている現場を見ることなく、コスト基準を作って運用を指示することや見積担当者育成を図ることを進めていないからです。

　IT技術を導入するだけでなく、そのシステムを有効かつ効果的に活用できる人材を育成する必要があるのです。

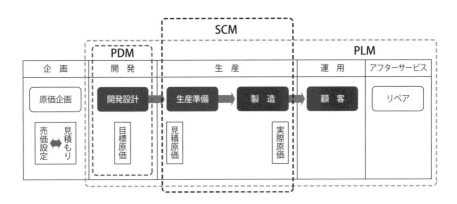

図表6-3-1　製品ライフサイクルと経営システム

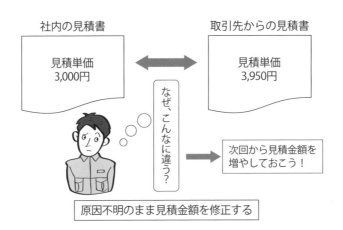

図表6-3-2　差額の大きい見積書の原因は？

04 購入品のコストダウンの進め方①

　ここでは、購入品のコストダウンについて考えます。購入品は、規格品（JISまたはISO）やメーカー標準品、市販品などに分類できますが、コストの評価やコストダウンのアプローチの仕方は同じです。

　まず、見積金額の内訳について考えます。これまでは、製品売価は材料費＋加工費＋運賃で求められると述べてきました。メーカーでは、購入品もこの計算式を用いています。しかし、購入品の見積書には、単価と合計金額だけが記載されます。見積書の単価は、材料費や加工費、運賃だけではなく、需要と供給の動向や競合他社との関係などによって見積書の金額を調整する、プライス決定領域があります（**図表6-4-1**）。

　数年前に発生した機構部品（リニアガイド、ボールネジなど）の品不足を振り返りましょう。工作機械の生産が好調だったとき、機構部品の納期が6ヶ月、ひどい時には9ヶ月はかかるという状況になっていました。このため、新製品用の機構部品の新規発注では、入手に時間がかかると同時に価格も高めに設定されることになります。

　その時点で取引している品目については、購入単価の変更はありませんが、納期の確保が課題になります。顧客は、納期通りに商品を確保するため注文量を増やすことがあります。実際に必要な量よりも多く手配することによって、生産に支障をきたさないようにしようとするのです。

　そのうち、購入品メーカーが増産をはじめ、納期遅れが解消されます。すると顧客は、余分に発注していた商品が過剰な在庫になってくるため、発注量を減らします。この結果、メーカーも作りすぎによる過剰な在庫を抱えるようになります。そして、過剰な在庫を持っている代理店が商品を安価に販売して、在庫を削減しようとします。これが値崩れを起こす原因の一つです。この時期に新規の見積依頼をすれば、安めの価格が提示されます。

　このように需要と供給の変化によって、価格は変わります（**図表6-4-2**）。

図表6-4-1　見積書とプライス決定領域

プライス決定領域

コスト変動領域

外的要因	需要と供給の関係、政治状況、競合他社、取引先との力関係など		
内的要因	購買方針・政策	発注方法	①分割発注　④分散発注 ②一貫発注　⑤内示発注 ③集中発注　　など
		納入方法	①都度分割納入 ②都度一括納入 ③在庫点（発注点）納入　など
		外注先の利用目的	①技術依存型　④コスト依存型 ②生産調整型　　　　　　など ③リスク分散型
		原材料支給の有無	①外注先依存型 ②有償支給 ③無償支給　など
	見積管理	①段取り時間と作業時間の区分 ②見積もりの計算方法の相違 ③見積ロットと発注ロットの差 ④管理諸比率の区分	

加工費

材料費

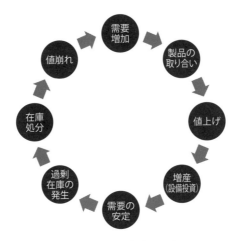

図表6-4-2　価格変動のプロセス

05 購入品のコストダウンの進め方②

メーカーは価格表を作成し、販売価格のガイドラインを作っています。その理由の一つは、値崩れを防ぐためです。

見積書では、価格表をもとに需要と供給の関係などプライス決定領域にあたる部分を加味した金額を提出します。プライス決定領域では、商品の販売先の注文ロット数や総ロット数、繰り返し注文の有無、顧客からの総受注金額、競合他社との関係などの状況を考慮して、見積書の金額を決めていきます。

また、メーカーの方針や政策も、見積書の金額に反映されます。具体的には、メーカーが代理店や販売店を持っているケースです。代理店や販売店は、多くの顧客にくまなく対応でき、メーカーの販促活動の費用を抑えることができます。その一方で顧客の状況が見えにくく、値崩れの原因につながりやすいのです。このため、価格表が値崩れを防ぐ道具の一つになっています。

メーカーは、主要な顧客（エンドユーザー）を対象にして、代理店の仕切り価格（販売価格）を決めています。さらに、メーカーによっては、主要な顧客（エンドユーザー）と代理店の両方の仕切り価格を決めるところもあります。

また、メーカー、代理店、販売店が顧客（エンドユーザー）に直接販売しているケースもあります。この場合、顧客への直販を中心とするのか、あるいは代理店を活用するのかによって代理店の販売価格への裁量権が変わり、価格が変動しやすくなるのです（図表6-5-2）。

設計者が購入品を検討するうえでは、メーカーが大量に繰り返し生産している品目（機種）を選択することがコストダウンにつながります。一般に製品の重量が重くなれば、価格は高くなると考えられるものです。しかし、製品重量に関係なく、メーカーが大量に生産している品目と少量しか生産していない品目では、大量生産品の方が安価になります。このため設計者は、大量に繰り返し生産されている品目に注意を払うことが必要であり、その情報をしっかりと入手して採用することが大切です。

図表6-5-1　購入先メーカーについて知っておくべき情報

①市販品の市場動向	その業界における製品の情報のこと。
②生産動向	生産数量や生産活動のサイクルなど。
③流通ルート	直販か、代理店経由かなど。
④メーカーの方針や政策	①直販を中心か、代理店を中心にしているか。 ②注文数量の多い、少ないもの中心か。 ③短納期に対応するか。　　　　など。
⑤品質	不良に対する発生率。 とくに国内企業と海外企業との比較。
⑥企業情報	経営の状態や取引先に対する協力度。

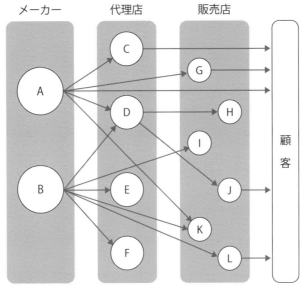

流通ルートを知ることによって、取引先の方針や政策が見えてきます
（たとえば、大量に取り扱うならC社、少量ならG社が安価など）

図表6-5-2　多様な購入ルート

06 内作品のコストダウンの進め方

内作品は社内で製作するものですから、IE（インダストリアル・エンジニアリング）による改善活動が中心になります。これは、5章7項で述べました。

その一方、顧客は欲しい製品をタイムリーに提供することを求めています。一種類の製品をまとめて作ることができれば、生産性は高くなり、コストを下げられます。しかし、顧客の多様化や個性化によって製品の種類が増え、大量生産から少量生産になりました。その結果、生産性は低下し、コストも上がるのです。

ここで必要になってくるのが、生産管理システムです。生産管理システムは、生産計画をはじめとして、作業のスケジューリングや進捗管理などを行い、工場の作業者や設備機械などの資源を効率よく活用していくためのシステムです（**図表6-6-1**）。

生産計画や作業スケジュールは、工場の稼働率に大きな影響を与えます。たとえば、作業がスケジュール通りに進まないと、作業の変更に伴う段取り替えや手待ち時間などのムダな時間が発生して稼働率を下げます。稼働率の低下を防ぐために在庫を持って対応しようとすれば、不要な在庫が増加することになります。

このため、生産管理システムによる生産計画や作業スケジューリングは、大切な役割を持っているのです。しかし、生産管理システムはIT技術を活用することから、SE（システムエンジニア）が開発の中心になっており、生産現場の社員の参画が少なくなっています。この理由として、システムに対する専門用語が多くて分かりにくいことなどが挙げられます。

また、生産管理システムの開発では、生産管理の全体像を把握できている社員が参画していないことが問題です。ブランコを作っているのに、出来上がったブランコは金具とロープが結ばれていない使えないものだったという風刺画を思い出します。

　生産管理システムは、カンバンなどの現場の作業システム（現場管理システム）と、所要量計算や入出庫データなどの情報システム（生産情報システム）に分けて考えられます。生産管理システムでは、その目的をもとに前述の2つのシステムを理解すること、整合性を持たせることが必要です。

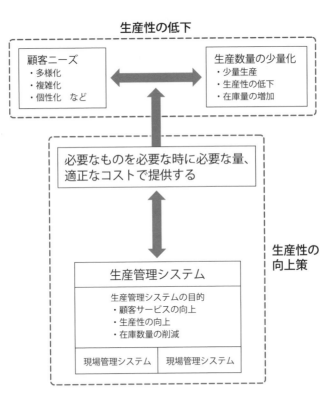

図表6-6-1　生産性と生産管理システムの関係

07 外作品のコストダウンの進め方

　外作品のコストダウンでは、まず自社のコスト基準による見積単価と明細の金額を準備しておくことが必要です。これが無いと、ただ高い安いという金額だけの議論になってしまうからです。

　まず、自社でコスト基準をもとに見積単価と明細金額を準備します。

　外作品のコストダウンは、内作品と同じように改善活動をすることはできません。外注先に、改善活動によるコストダウンを促すことになるからです。それを提案する場合、単に見積金額が高いと言うだけでは、改善活動を促すことは難しいでしょう。自社で算出した見積金額をもとに、改善すべき点を指摘することが必要になります。

　しかし、その前に確認すべきことがあります。その外注先を利用する目的です。社内工程の能力がオーバーしたから外注するのか、社内で技術を持っていないから外注するのかなどによって、コストダウンのアプローチは異なってきます（**図表6-7-1**）。

　ここでも、加工費を中心に検討することになります。加工費は、所要時間（あるいは加工時間）と加工費レートから構成されます。所要時間は、段取り時間と作業時間に分けられます。また、段取り時間は、内段取り時間と外段取り時間に分けられます。内段取り時間は機械を止める必要がある段取り作業の時間、外段取り時間は機械を止めなくてもよい段取り作業の時間です。

　大量生産の場合には、所要時間に占める段取り時間の割合は非常に小さくなり、あまり影響を受けません。しかし、少量生産になると段取り時間の割合が大きくなります。改善では段取り時間を内段取り作業と外段取り作業に分け、内段取り作業時間の差などを確認します。

　加工費のコストを構成する要素に分けていくことで差額が分析でき、改善を促すことができます。そして、加工品ごとにコスト構成要素を確認することが技談です。外作品の調達では、技談に重点が置かれるのです。

外注を利用する理由

①コスト面での優位性
②社内の能力補完
③技術力の高さ
④納期対応の速さ

会社ごとに見積
金額は異なる

図表6-7-1　外注先利用の目的

図表6-7-2　加工費の検討項目

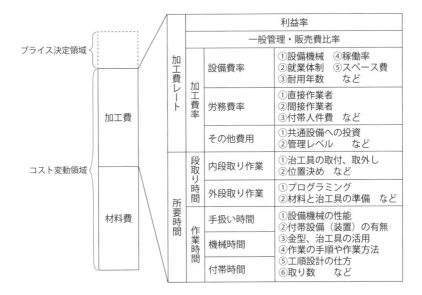

				利益率	
プライス決定領域	加工費	加工費レート	加工費率	一般管理・販売費比率	
				設備費率	①設備機械　④稼働率 ②就業体制　⑤スペース費 ③耐用年数　　など
				労務費率	①直接作業者 ②間接作業者 ③付帯人件費　など
				その他費用	①共通設備への投資 ②管理レベル　　など
コスト変動領域	材料費	所要時間	段取り時間	内段取り作業	①治工具の取付、取外し ②位置決め　など
				外段取り作業	①プログラミング ②材料と治工具の準備　など
			作業時間	手扱い時間	①設備機械の性能 ②付帯設備（装置）の有無 ③金型、治工具の活用 ④作業の手順や作業方法 ⑤工順設計の仕方 ⑥取り数　など
				機械時間	
				付帯時間	

08 | 素材のコストダウンの進め方

　ここでは、社内の加工品で使用する原材料のコストダウンを中心に述べていきます。材料費は材料単価と材料使用量から構成されます。材料単価は、通常1kgあたりの価格で表現されます。

　材料単価は、2020年秋頃から上昇が続いています。2022年には円安が加速していることもあり、上昇傾向を維持しています。この原因は、材料になる鉄鉱石やボーキサイト、石油などの資源価格が上昇していることにあります。この結果、鋼材、ステンレス鋼、アルミ板などが2020年秋頃と比較して30〜70％も高くなっています。

　以前は投機買いやまとめ買いなどを行う企業もありましたが、現在は多くの企業が在庫を必要最低限にするという考えを徹底しています。このため、材料の価格変動については多少の先行買いなどの軽減策を打つことはできますが、対策は難しいでしょう。

　材料使用量は2章5項で述べたように、品目を作るために必要な重量（正味使用量）と製造上認めるべきユトリ重量（材料余裕量）からなります。材料は、ある一定のサイズが設けられています。定尺材と呼ばれ、いくつかのサイズがあります。それらのサイズから、製品や部品1個あたりの材料余裕量を最小にすることを考えます。これは、材料の取り方に対する検討です。たとえば、板金品で材質や板厚を揃える、樹脂成形品でセット取り（共どり）をするなどもこの対策の一つです。これが、材料使用量による材料費のコストダウンのポイントの一つです。

　また、定尺材には、入手しやすいサイズと入手しにくいサイズがあります。入手しにくいサイズは材料単価が高くなったり、入手までの納期が不安定で苦労したりすることがあります。この点も検討の対象に加えておく必要があります。

図表6-8-1　材料費の検討項目

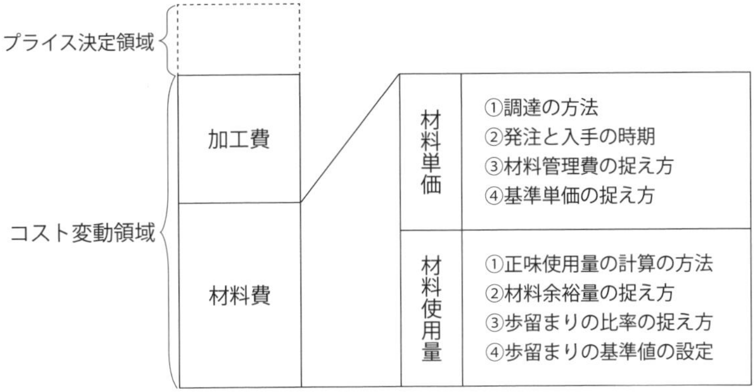

プライス決定領域			
コスト変動領域	加工費	材料単価	①調達の方法 ②発注と入手の時期 ③材料管理費の捉え方 ④基準単価の捉え方
	材料費	材料使用量	①正味使用量の計算の方法 ②材料余裕量の捉え方 ③歩留まりの比率の捉え方 ④歩留まりの基準値の設定

①購入条件
・納期、発注数量、納入数量、支払い条件、梱包条件、納入場所など
・メーカーまたは商社、代理店別購入条件
・業界別、業種別購入条件

②購入経路
③新規市場開拓
④購買政策
・発注側の購買政策
・情報収集力
・比較

図表6-8-2　材料および素材のコストダウン・アプローチ

09 | コストダウンの留意点と計画①

　最後に価格交渉について考えましょう。価格交渉は、交渉相手を考えた場合、2つのケースに分けられます。一つは、交渉相手が社内の他部署の担当者である場合、もう一つは社外（取引先）の担当者である場合です。大半の価格交渉は、後者の取引先との間で行われます。それぞれ解説していきます。

　まず、社内の他部署との価格交渉から考えてみましょう。これは、大手の会社で見られます。販売部門が、顧客から受注した製品について、生産部門（工場）と打合せを行う場面です。通常は、事前に工場から出た見積書をもとに、管理費や利益（営業経費などともいう）を上乗せした金額で顧客と価格交渉をします。このとき、販売部門と顧客の間の価格交渉では、提出した見積書の金額を下回って受注することがあります。

　この場合、販売部門としては、利益が出なければ困ります。このため、受注した製品について工場にコストダウン（値下げ）を依頼するのです。しかし、工場では工場単位での採算性を確保しなければなりません。

　受注獲得を目指す段階では、販売部門と生産部門が協力しあい、パイ（利益）の増加を目指します。しかし、受注獲得後には、販売部門と生産部門でパイ（利益）の配分を行うことになるわけです。

　販売部門では、顧客からの受注をもとに要求単価を提示します。これに対して生産部門では、すでに受注してしまっているため、渋々要求単価に応じることになります。この結果、力関係の強い部門が利益を得て、弱い部門は赤字になるでしょう。著者の経験では、販売部門が利益を確保して、生産部門が割を食うことが多いようです。

　この後、生産部門は、工場の採算性が悪化することを防ぐために、アクションを起こすことになります。それが、社外（取引先）に対するコストダウン交渉です。社内で改善を行ってコストダウンするには時間が必要ですが、社外との交渉は即効性があるからです。

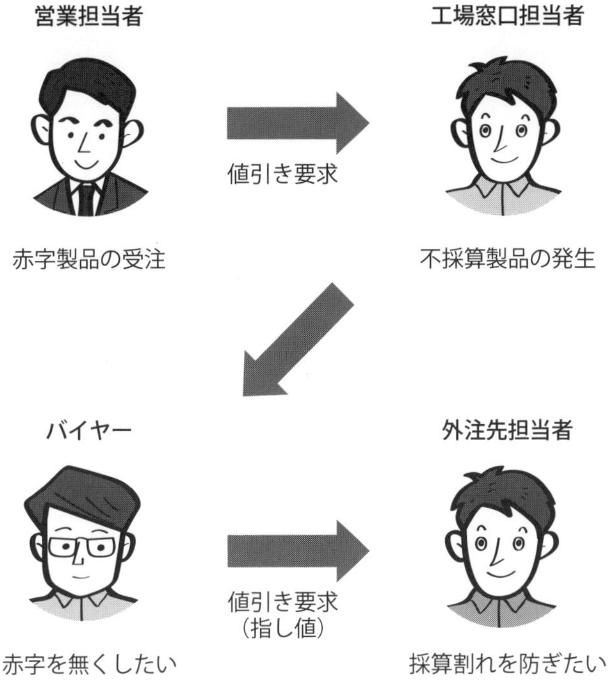

営業担当者　　　　　　　　　　　工場窓口担当者

値引き要求

赤字製品の受注　　　　　　　　　不採算製品の発生

バイヤー　　　　　　　　　　　　外注先担当者

値引き要求
（指し値）

赤字を無くしたい　　　　　　　　採算割れを防ぎたい

図表6-9-1　値引き要求のサイクル

10 コストダウンの留意点と計画②

　購買部門では、調達品を対象にコストダウン依頼をすることになります。一般には、外注先を中心に価格交渉がなされます。バイヤーは外注先に対して、販売部門に提出した見積書の単価よりも安価な金額にするための交渉を行います。採算の取れない製品について、外注先に指し値を行い、採算をとれるようにしようとするのです。

　これは、海外で生産していたものを国内に戻そうというときにも発生していました。バイヤーの方たちが、海外で生産している部品の単価を持ってきて、国内の取引先（外注先）に「この単価で作れないか」と見積依頼をばら撒くのです。「その単価で受注します」という取引先を探しているわけです（**図表6-10-1**）。

　このようなコストダウンの進め方は、妥当なのでしょうか。

　本書では見積書の金額について、理論に基づいて科学的に求めることを紹介してきました。近年の材料費や輸送費の上昇、不良率の高さ、2022年の円安によって、海外から調達するメリットがなくなってきています。国内と海外の工場で同じ製品を生産しても、海外で生産する優位さがないという声を聞きます。こうした中で、海外の単価を利用した価格交渉は通用しなくなってくるでしょう。この状況での価格交渉は、どのように進めるべきでしょうか。

　本書で解説してきたように、ものづくり技術を確認することから始めなければなりません。そのうえで自社に必要な技術を整理し、設計標準や工程手順書などに反映させるのです。ものづくり技術の資料の整備は、DFM（Design for Manufacturability：製造性考慮設計）やPDM、SCMなどIT化の基礎データとなります。

　この資料は見積書のために大いに役立つものであり、企業の生産技術力を高めることに繋がります。それは、見積書が会社のものづくり技術（固有技術）と生産性（管理技術）を表すものだからです。

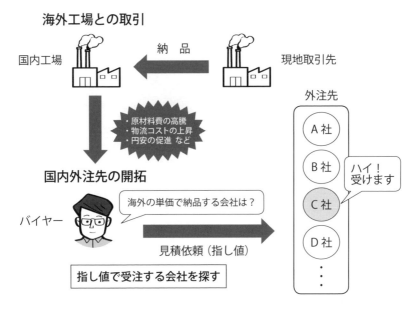

図表6-10-1　この値引き要求は正しい？

図表6-10-2　外注先との商談・技談の進め方

	ステップ	内　容
1	事前準備	・外注先ごとの方針と評価 ・見積書の入手 ・自社の見積結果とその明細 ・差額解析データ ・価格決定への方針
2	商談・技談の実施	・調達方針の説明 ・外注先ごとに政策の説明 ・外注先ごとに課題の共有 ・目標の設定と改善推進計画書の作成
3	改善計画の立案と推進	・改善テーマの設定 ・現状分析～改善計画書の作成
4	成果と確認	・コストダウンの可能性の評価 ・コストダウン成果の確認 ・フォローアップ

11 外注先開拓の進め方を考える

　前項に続いて、外注先の開拓について考えてみます。

　昨今、生産拠点の国内回帰が叫ばれるようになり、行政で企業を誘致するための窓口を開設したところもあります。

　このため多くのメーカーが、国内の外注先の開拓を積極的に行っています。企業の広告や展示会、新聞、雑誌、DM、インターネットなどからコンタクト先を探すでしょう。そして、打合せを行い、見積もりを依頼し、取捨選択して取引をするでしょう。しかしこの方法は、期待する外注先を見つけるには効率が良いとはいえません。著者は、外注先を探すうえで、紹介による開拓がもっとも効率の良い方法ではないかと考えます。

　著者のもとに、ある企業から特殊なステンレス材のシャフトの加工先を紹介してほしいという依頼がありました。著者は図面を見て、その部品を製作できる設備機械や技術を保有しているであろう3社に見積り依頼を行いました。D社は類似するステンレス材の加工を行っている会社、E社は材質こそ異なるものの類似した形状のシャフトを製作している会社、F社は高品質の部品加工を得意にしている会社です。

　その結果は、D社は生産数量の多いことがネックで、E社は継続的な品質の維持がネックになり、F社はコストが高いということで要求に応えられませんでした。しかし、D社の社長さんが、I社に相談してみてはどうかと紹介してくれたことで、求めていた会社を見つけることができました。

　外注先の開拓は、保有する設備機械や技術など、企業の情報を知っていても難しいものです。実際に取引をしてみないと、どのような会社なのか分かりません。その点、現場のものづくりに携わっている方たちに紹介された会社であれば、適した会社である可能性は高まります。また、前述の例のように紹介から新たな紹介につながることもあります。

　そして、もう一つ大切なことは、外注先の評価基準を持つことです。実際に取引を進める中で正しい評価を下せなければ、継続的な取引ができる外注先かどうか判断できません。また、将来的な会社の成長や変化に応じて、パートナーとなる企業を見定めていく基準も必要です。

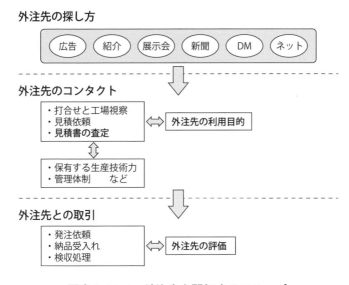

図表6-11-1　外注先を開拓するステップ

図表6-11-2　外注先の評価基準とは

評価視点	評価指標	目　的
取引関係	経営状況	取引先の経営状況を知る
		取引先の経営方針や戦略がわかる
		取引先の協力度が分かる
価格	価格水準	取引先とその競合先との価格差を把握する
	C/D 寄与度	コストダウンへの貢献度を評価する
納期	管理状況	納入品の進捗の把握レベルを知る
	納入状況	納期遵守率のレベルを確認する
品質	管理状況	品質保証体制とその順守レベルを知る
	不良率	不良の発生頻度、その対策と対応を知る

バイヤー（購買担当者）に求められる能力と見積もりに必要な能力

COLUMN 06

バイヤーにどのような能力が必要かを少し考えてみましょう。

バイヤーは、原材料や部品を調達するのですが、購入品目について、基本的な知識を持っていることが必要です。加工品であれば、自社の製品を加工する設備機械や工程、主要な外注先に関する情報などは、通常の業務で必要になりますから必須です。また、取引に関する知識も知っておかなければなりません。とくに下請法は大切です。

購入品については、自社で購入している品目の商品知識、自社の主要な購入先、その競合先などといった情報が必要です。これらは、購買業務を遂行するにあたって、事前に知っておくべき情報です。最近では必要な時に参照できるようシステム化しているところもありますが、あまり活用されていないことも多いようです。

また、これらの情報は定性的なものですので、最近はあまりアップデートされない傾向にあります。取引先へ訪問する機会が減ったことや、物理的に遠方（海外）にあるといった理由で情報を入手しにくいからです。しかし、取引先は製品の開発・設計などで必要な情報や業界の動向など、有益な情報を持っていることがあるので、意識してアップデートする必要があります。

購買部門では、以前より開発購買の重要性が言われてきました。開発購買は、購買部門がさまざまな業界での技術や市場の動向、コスト面でのメリットなどの情報を収集し、設計部門で開発・設計している製品に役立つ情報を提供することです。

逆に言うと、情報収集をしていない状況では、開発購買を設置しても役に立たないことになります。大切な役割を持つ部署を設置することも大切ですが、その役割を担う資質を育成することを忘れてはいけません。これがあって初めて、開発購買は有用な役割を達成できるのです。

【参考文献】

「標準コスト算定技術マニュアル」
与那覇三男　著（日本コストエンジニアリング）

「標準コストテーブル便覧」
与那覇三男　著（日本コストエンジニアリング）

「現代からくり新書－工作機械の巻（NC旋盤編）」
（日刊工業新聞社）

「現代からくり新書－工作機械の巻（マシニングセンタ編）」
（日刊工業新聞社）

「研削作業の実務」
小林輝夫　著（理工学社）

「射出成形・金型マニュアル」
青葉堯　著（工業調査会）

「精密板金加工の手引き」
アマダ板金加工研究会編著（マシニスト出版）

「金型加工技術」
（日本技能教育開発センター）

「実際の設計選書 設計者に必要な加工の基礎知識　改訂新版」
実際の設計研究会　監、稲城正高・米山猛　著（日刊工業新聞社）

索引

──────── 著者紹介 ────────

間舘　正義（まだて　まさよし）

1957 年生まれ。産業能率短期大学卒業。日東工器㈱、関東精工㈱などで生産、営業などの実務経験を経て、1998 年日本コストプランニング株式会社を設立。

経営コンサルタントとして、製品のコストを切り口にコストダウンを指導する。加工について、膨大なデータをソフト化した見積ソフトを開発し、指導に活用している。また、企業の新製品開発プロジェクトの体制作りや管理も行っている。

著書：
「図解　原価管理」（日本実業出版社）
「これならできる！経営分析」（かんき出版）
「業務別に見直すコストダウンの進め方」（かんき出版）
「設計者のためのコスト見積もり力養成講座」（日刊工業新聞社）
「製造業のための目標原価達成に必要なコスト見積もり術」（日刊工業新聞社）
「原価管理入門スクール（通信教育）」　ほか

設計者のための
正しい見積書評価とコストダウン　　　　　　　　　NDC501.8

2023年3月31日　初版1刷発行　　　　　定価はカバーに表示されております。

　　　　　　　　　Ⓒ著　者　　間　舘　正　義
　　　　　　　　　　発行者　　井　水　治　博
　　　　　　　　　　発行所　　日刊工業新聞社

　　　　　　　〒103-8548　東京都中央区日本橋小網町14-1
　　　　　　　　　　　　書籍編集部　03（5644）7490
　　　　　　　　　　　　販売・管理部　03（5644）7410
　　　　　　　　　　　　FAX　03（5644）7400
　　　　　　　　　　URL　https://pub.nikkan.co.jp/
　　　　　　　　　　email　info@media.nikkan.co.jp
　　　　　　　　　　　　振替口座　00190-2-186076

　　　　　　　　　印刷・製本　新日本印刷株式会社

2023　Printed in Japan　　　　落丁・乱丁本はお取り替えいたします。
　　　　　　　　　　　　　　　　ISBN 978-4-526-08262-7